Meikuang Anquan Jishu Peixun Jiaoan Jingxuan

煤矿安全技术培训

教案精选

主编　张希久　于宗立

主审　徐安崑　王作棠

中国矿业大学出版社

China University of Mining and Technology Press

内 容 提 要

本书依据国家安监总局最新培训大纲的要求,在总结现有安全培训教材编写经验并广泛征求煤矿干部职工意见的基础上编写而成。全书精心选编了二十一个培训教案,内容包括:煤矿采煤、掘进、机电运输、通风等专业和矿井自然灾害的预防及事故处理等。

本书是煤矿各级安全培训机构的教师、煤矿企业的主要经营者、安全生产管理人员、工程技术人员、特种作业人员、普通职工和新工人安全培训的教材,也可作为煤矿从业人员业务学习和素质提高的参考资料。为便于读者使用,本书还配套出版了光盘。

图书在版编目(CIP)数据

煤矿安全技术培训教案精选/张希久,于宗立主编.
徐州:中国矿业大学出版社,2009.2
  ISBN 978-7-5646-0195-9
  Ⅰ.煤… Ⅱ.①张…②于… Ⅲ.煤矿—矿山安全—技术

培训—教学参考资料 Ⅳ.TD7

  中国版本图书馆 CIP 数据核字(2009)第 000519 号

书　名	煤矿安全技术培训教案精选
主　编	张希久　于宗立
责任编辑	于广云　罗时嘉　马跃龙　孙　浩
责任校对	李　敬
出版发行	中国矿业大学出版社
	(江苏省徐州市中国矿业大学内　邮编 221008)
网　址	http://www.cumtp.com　**E-mail:**cumtpvip@cumtp.com
排　版	徐州中矿大印发科技有限公司排版中心
印　刷	江苏淮阴新华印刷厂
经　销	新华书店
开　本	787×1092　1/16　印张 32.5　字数 532 千字
版次印次	2009 年 2 月第 1 版　2009 年 2 月第 1 次印刷
定　价	120.00 元

强化教育培训

服务安全发展

赵铁锤

二〇〇九年三月

国家安全生产监督管理总局副局长、国家煤矿安全监察局局长赵铁锤题词

序

　　煤矿安全始终是安全生产的重中之重，是关系人民生命和财产安全的大事,关系国民经济又好又快发展和社会稳定的大局。

　　党和国家历来高度重视煤矿安全工作。党的十六届三中全会提出："坚持以人为本,树立全面、协调、可持续的发展观,促进经济社会和人的全面发展。"党的十六届五中全会把安全生产工作摆在与资源、环境同等重要的战略地位,确立了"安全发展"的方针原则。党的十六届六中全会把安全生产作为构建社会主义和谐社会的重要内容。党的十七大明确提出："坚持安全发展,强化安全生产管理和监督,有效遏制重特大安全事故。"形成了以"安全发展"为核心的安全生产理论体系。与此同时,党和政府作出了一系列加强煤矿安全工作的重大决策和部署。在党中央、国务院正确领导和各地区、各部门、各单位的共同努力下,煤矿事故多发势头得到了有效遏制,并呈现出总体稳定、趋于好转的态势。2007 年,在全国煤炭产量比 2002 年增加 11.35 亿吨增长 80% 的情况下,煤矿事故起数和死亡人数比 2002 年分别下降了 44.3% 和 45.9%,煤炭百万吨死亡率比 2002 年下降了 69.9%。2007 年,安徽煤矿共发生死亡事故 50 起、死亡 55 人,同比分别下降了 25.4% 和 36.8%;未发生 3 人以上较大事故;煤炭产量 9 370 万吨,百万吨死亡率 0.587,同比下降了 40.5%,比 2002 年下降了 59%。

　　但是,我们也要清醒地看到,由于煤炭开采是地下作业,生产条件和环节复杂多变,而且面临瓦斯、水、火、煤尘、顶板、地温、地压等自然灾害的严重威胁,煤矿安全生产形势依然严峻,其原因之一是从业人员安全技术素质尚不能满足安全生产的需要。所以说,进一步加强和规范煤矿安全教育和培训,切实提高煤矿企业从业人员的整体安全技术素质和安全管理水平,对搞好煤矿安全工作、确保煤矿安全形势持续稳定好转有着至关重要的作用。

本书主编张希久同志,享受国务院特殊津贴,教授级高工,在煤炭战线工作数十载,具有扎实的理论功底和丰富的生产实践经验。他从淮北矿务局副局长的岗位退休后,仍一如既往地关注着煤炭工业发展和煤矿安全生产,把精力放在煤矿安全教育和干部职工的技术培训上。他结合自己在全国各地安全培训授课的体会,结合丰富的生产技术管理和领导经验,编写了《煤矿安全技术培训教案精选》一书,精选的 21 篇教案是作者在数十年中外煤矿安全生产典型案例研究基础上的创新成果,涉及煤矿采煤、掘进、机电运输、通风等专业和矿井自然灾害的预防及事故处理等内容。内容丰富,系统性、针对性、实用性强,图文并茂,浅显易懂。以教案形式编写教材,这在全国煤矿安全培训教材建设方面是一项创新,经多年教学使用,效果好,深受广大学员和教员的欢迎,受到高度评价。

　　可以相信,《煤矿安全技术培训教案精选》的出版,对全国煤炭行业加强和规范安全教育及培训,进一步提高教育培训质量和效果,提升煤矿从业人员的安全技术素质,必将发挥重要的作用。

安徽煤矿安全监察局　局长

2008 年 1 月 8 日

前　言

　　煤矿属高危行业,安全教育是安全生产的重要组成部分。长期以来,各级地方人民政府和各煤矿企业在安全生产和安全教育方面做了大量的工作,尽了很大的努力。近年来,全国煤矿安全生产形势,从总体上讲虽然处于持续、稳定、好转的发展态势,但各类事故仍时有发生,安全生产形势依然比较严峻。

　　当前煤矿从业人员安全技术综合素质相对较差,这是煤矿事故多发的重要原因之一。因此,强化煤矿从业人员的安全技术培训工作,保证培训质量,提高整体素质,势在必行。

　　为了进一步提高安全技术培训效果,使教师能把问题讲清楚,让学员听明白,我们依据国家安全生产相关培训法规和培训大纲的要求,在总结现有安全培训教材编写经验并广泛征求煤矿干部职工意见的基础上,创新性地编写了《煤矿安全技术培训教案精选》(以下简称《教案》)。

　　教案是教师深化课堂内容、强化教学效果、提升教学质量之本,是学员消化培训内容、弄懂技术操作难点、融会贯通安全生产理念之基,这是全国煤矿安全培训教材的一个创新,是填补一项空白。本书内容丰富,包括了21个方面。

　　教案具有以下特点:

　★　教案采用多媒体形式,不分章节,每一个教案只阐述一个专题,新颖别致。

　★　教案页面设计,简明扼要,图文并茂,重点突出;有利于教师讲授,有利于学员理解、记忆。实践证明,本书体系科学,可显著提高培训效果。

　★　教案编写采用理论与实践结合的方法,且侧重于实践,有较强的操作性和实用性。

★ 教案中汇集了大量的典型事故案例，有利于采用案例教学、互动教学方法，具有较强的科学性、针对性和指导性。

★ 为了便于学员理解，教案叙述中凡用到的物理量单位均采用法定计量单位的中文名称。如 m、kg、s、Pa 均分别用米、千克、秒、帕来表示。

本书编写和出版得到了国家安全生产监督管理总局、煤矿安全监察局的大力支持，国家安全生产监督管理总局副局长、国家煤矿安全监察局局长赵铁锤拨冗题字鼓励；得到了安徽煤矿安全监察局、江苏省安全生产监督管理局、中国矿业大学、安徽省煤炭协会、淮北矿业集团公司、安徽煤矿安全监察局淮北监察分局、淮北煤矿安全技术培训中心、中国矿业大学出版社的大力支持，在此，谨向上述单位及有关的领导及教案编审人员深表谢意。

教学实践证明，本教案是一部针对煤矿各级安全培训机构的教师、煤矿企业的主要经营者、安全生产管理人员、工程技术人员、特殊工种作业人员、普通职工和新工人安全培训需要的好教材；是煤矿从业人员业务学习和素质提高的好资料。教材与光盘配套也是本书的一大特点。

这是一部原创教材，鉴于时间紧迫和作者水平所限，书中难免有错误之处，恳请广大读者批评指正。

编委会

2008 年 5 月

目　录

序 ……………………………………………………………………………… 桂来保

前言 ………………………………………………………………………………… 1

教案1 煤矿安培教学模式探讨 ………………………………………………… 1

教案2 煤矿安全管理与培训 ………………………………………………… 27

教案3 矿井灾区救护 ………………………………………………………… 59

教案4 矿井重大灾害性事故处理 …………………………………………… 93

教案5 矿井瓦斯防治 ……………………………………………………… 111

教案6 煤(岩)与瓦斯突出防治 …………………………………………… 147

教案7 矿井通风管理 ……………………………………………………… 181

教案8 安全爆破 …………………………………………………………… 203

教案9 矿井水害防治 ……………………………………………………… 223

教案10 矿井火灾防治 ……………………………………………………… 253

教案11 顶板灾害防治 ……………………………………………………… 283

教案 12	复合顶板推垮型冒顶浅析	307
教案 13	掘进"事故多发点"的安全施工	327
教案 14	矿井运输事故多发的原因和对策	345
教案 15	煤矿班队长安全培训	363
教案 16	新工人入矿培训	405
教案 17	芦岭矿"5.13"瓦斯爆炸事故	431
教案 18	芦岭矿是怎样从事故多发走向安全发展的	
	——安全生产经验点评	443
教案 19	事故调查处理	477
教案 20	事故应急救援预案	489
教案 21	矿井调度工作	497

教案 1

煤矿安培教学模式探讨

煤矿安培教学模式探讨

煤炭行业属高危行业。煤矿工作环境的特殊性,决定了人们在组织生产的同时,还要与五大自然灾害作斗争。因此,安全是煤炭工业的头等大事,是煤矿工作的重点,是煤矿最大的稳定,是煤矿企业成败的关键,是职工最大的福利,是煤矿永恒的主题。

长期以来,煤矿事故频发,除其他原因外,缺乏有效的安全技术培训、职工素质差是重要原因之一。如何强化安全培训工作,能使教师把问题讲清楚,让学员听明白、用得上,减少事故概率,提高培训效果,这是各级煤矿企业安全技术培训当前亟待解决的重要课题。

就相关问题探讨如下:

◆ 安培学员的特殊性

◆ 教案编制

◆ 教师备课

◆ 教学方法

◆ 讲授技巧

一、安培学员的特殊性

1. 文化程度差异大——文盲~研究生。

2. 年龄跨度大——18~60 岁。

3. 工作岗位分布广——管理层,技术层,操作层;采、掘、机、运、通等。

4. 技能水平悬殊大——技术员,高级工程师;高级技师,生产标兵,技术能手,特殊工种,普通工人。

5. 具备一定的实践经验。

6. 家庭、经济状况不同——小康型,特困户。

7. 安全培训周期短、频次高——求知、求新。

8. 培训班性质多样化——资格班,复训班;安全管理人员班,特种作业人员班,新工人班。

9. 学习目的明确——要求解决实际问题。

10. 对教学方法有与时俱进的要求——消极应付→自觉要求→喜欢,学习主动性强。

二、教案编制

1. 编制原则

■ 按教学大纲的要求编制

■ 按学员需求编制

■ 按理论联系实际和实事求是原则编制

■ 按科学性、针对性、指导性、可操作性、可行性原则编制

2. 编制内容与要求

安培教案应按以下要求编制：

课程内容,教学目的与要求,重点与难点,教学方法,教具,学时安排,课外作业,参考试题,等等。

以下为"矿井灾区救护"教案编制的范本。

矿井灾区救护

（一）课程内容

1. 课题名称

矿井灾区救护

2. 主要内容

阐述灾区救护技术、原则、方法等问题

（1）灾区救护新技术

（2）灾区人员行动原则

（3）灾区避灾原则

（4）灾区人员自救、互救原则及方法

（5）爆炸及重大火灾事故发生时，灾区遇险人员如何自救逃生

（6）自救器佩用

(二) 培训对象

煤矿各级安全培训机构师资人员,煤矿企业主要经营者,安全生产管理人员,工程技术人员,科区长,特种作业人员,成建制队伍,新工人,等等。

授课时,可根据学员对象的职责、岗位、文化程度和已有知识等方面的差异,采用"因人施教"的方法。

对理论、实践、深度、广度区别把握,使每一类学员都能感受到本教材具有针对性、指导性、操作性、可行性的特点。

(三) 教学目的和要求

1. 使学员了解灾区救护新技术。

2. 使煤矿企业的主要经营者和安全生产管理人员能熟练掌握灾区救护技术,正确指挥抢险救灾。

3. 使职工悉知灾区自救、互救的原则和方法,能正确开展自救、互救工作,减少人员伤亡,降低事故造成的损失。

通过案例教学,加深职工对上述要求的理解。

（四）重点与难点

重点是使学员能熟练掌握灾区救护的原则和方法。

难点是当发生爆炸或重大火灾事故时，灾区遇险人员如何成功逃生？

（五）教学方法

采用多媒体教学、讲授法、研讨法、互动教学法与案例教学法等方法，或多种教学方法相结合进行教学。

（六）教具

挂图、模型、实物、多媒体软硬件等。

（七）学时安排

4~8 学时。

（八）课外作业

1. 爆炸或重大火灾事故发生时，灾区人员如何自救逃生？
2. 灾区遇险人员自救、互救的原则和方法是什么？

(九) 参考试题

1. 填空题

(1) 发生事故时, 灾区人员的<u>行动原则是</u>: <u>立即汇报、积极抢救、安全撤离、妥善避灾</u>。

(2) 瓦斯爆炸必须同时具备的三个条件是:

瓦斯积聚的浓度达到 <u>5%~16%</u> 的爆炸界限; 空气中有 <u>≥12%</u> 的含氧量; 有 <u>≥650 ℃</u> 的引爆火源。

(3) 灾区创伤急救, 应遵循"三先三后"的原则是:

对出血伤员, 应先<u>止血</u>, 后护送。

对骨折伤员, 应先<u>临时固定</u>, 后护送。

对呼吸停止伤员, 应先进行<u>人工呼吸</u>, 后护送。

2. 名词解释

"自救"——系指矿井发生事故时,灾区人员采用正确方法进行自我保护、安全撤离和妥善避灾,使之生存下来。

3. 判断题

(1) 抢救触电人员时,应先切断电源,抬到清新风流中;若呼吸停止应迅速进行人工呼吸,不得打"强心针"。(√)

(2) 当人员佩用自救器从灾区逃生时,自救器发热是不正常现象,应将其扔掉,快速逃离灾区。(×)

4. 选择题

当发生重大爆炸事故灾情尤为严重撤退受阻时,灾区遇险人员应:(A、B)。

A. 立即佩戴自救器

B. 就近选择硐室避灾

C. 强行撤出,"闯关求生"

(五) 简答题

按下图所示，阐述当掘进工作面发生瓦斯煤尘爆炸或重大火灾事故时，灾区遇险人员自救逃生的两大原则是什么？

爆炸或火灾事故时，灾区人员自救逃生网络图

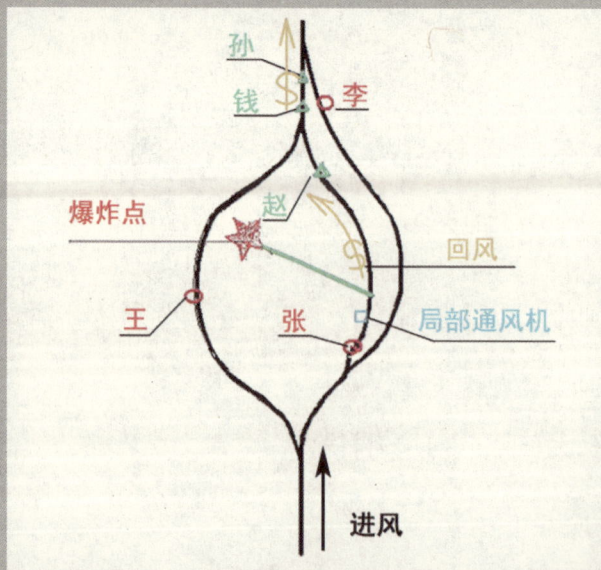

答：灾区遇险人员自救逃生，应遵循以下"两大原则"：

一是张、王、李三人均处于"进风侧"，应向下迎风撤出灾区，就会成功逃生。

二是赵、钱、孙三人均处于"回风侧"，应立即佩用自救器，绕捷径，从"最佳路线"逃生。即：赵应向上向左，钱向下向右，孙应向上向右撤出灾区，逃生亦会成功。

三、教师备课

教师上课前，必须认真备课，不得照本宣科。

应做到"八备"：

1. 备教材
2. 备案例
3. 备教具
4. 备学员情况
5. 备教学方法
6. 备多媒体制作
7. 备要点
8. 备作业

四、教学方法

矿井安全技术培训属于成人教育,主要方法有:

★ 讲授法

★ 研讨法

★ 案例法

★ 角色扮演法

★ 交叉结合法

1. 讲授法

以下内容适用于采用讲授法教学:

■ 方针、政策、法律、法规、标准、规程、规范等;

■ 企业的发展规划、战略目标、规章制度等;

■ 新工人的"三级培训"(入矿培训、科区或车间培训、岗位培训);

■ 学员尚未掌握的新知识、新技术、新工艺、新装备、新材料、新案例等内容。

2. 研讨法——互动教学

此方法适用于那些具有一定安全知识、技术水平和现场实践经验的学员复训。

实施互动教学时,教师讲授时间不宜过长。

具体做法:

一是让学员带着需要解决的问题来,请学员提出问题;教师组织课堂研讨,找出解决问题的思路、方法和措施,使学员带着成果走。

二是由教师提出问题,组织学员课堂讨论。

一方面,教师事前要做好充分的准备。

另一方面,教师应将本节课需要向学员讲清楚、要学员弄明白的重点和难点问题列出来, 充分发挥学员的独立思考能力。

为了防止冷场、跑题、依赖等问题的出现,教师可采取"自由发言"、"分组推荐"、"随机点名"等方法组织学员互动分析、讨论、争论、补充,使其逐步完善。

三是由教师进行归纳、概括、总结,明确答案。

复训学员大都反对"填鸭"式说教,乐于研讨。因此,实施研讨法——互动教学,可显著提高培训效果。

孔子曰:"学而不思则罔"。

听听而已,很快遗忘;

仔细去看,就能记住;

亲自动手,心领神会。

德国教育家第斯多惠说:一个坏的教师是奉送真理;一个好的教师是教人发现真理。

希望各单位能广泛推广互动教学方法。

例如:在讲授"矿井瓦斯防治"专题时,对其难点——当发生瓦斯煤尘爆炸事故时,灾区遇险人员如何成功逃生?要使学员弄明白,就可以采取课堂研讨法。

先让学员在课堂讨论自救逃生的:

◆ 四大要点

◆ 两大原则

◆ 三条路线

四大要点是：

总的要求是什么？

当听到爆炸声或感到爆炸波时应怎么办？

当爆炸波过后应怎么办？

当撤退路线被堵时应怎么办？

"两大原则"是：

当人员位于进风侧怎么逃？

当人员位于回风侧怎么逃？

自救逃生的三条路线：

我们把逃生成功率最高的那条路线，称之为"最佳路线"。把逃生成功率极小的那条路线，称之为"死亡路线"；把剩余的一条路线，称之为"中间路线"。

哪一条是"最佳路线"？为什么？

哪一条是"死亡路线"？为什么？

哪一条是"中间路线"？为什么？

并结合附图内容进行讨论、解读。

爆炸或火灾事故时，灾区人员自救逃生网络图

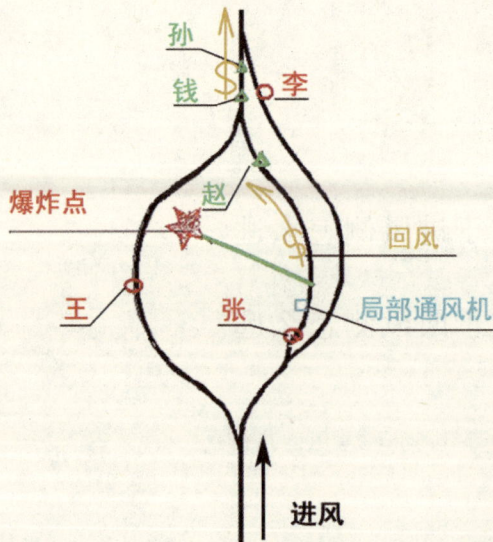

3. 案例法

案例选择——实施案例教学时,应选择具有典型性、代表性、新颖性、教育性的案例进行分析。

分析要点——事故概况、事故经过、事故原因、防范措施等,重点是后两者。

分析目的——让学员弄清事故原因、找出事故教训、提出防范措施,防止同类事故再次发生。

如:某矿瓦斯爆炸事故案例分析

(1) 事故概况

(2) 事故经过

(3) 事故抢救

(4) 事故原因

(5) 防范措施等

详见教案五内容,此略。(见下图)

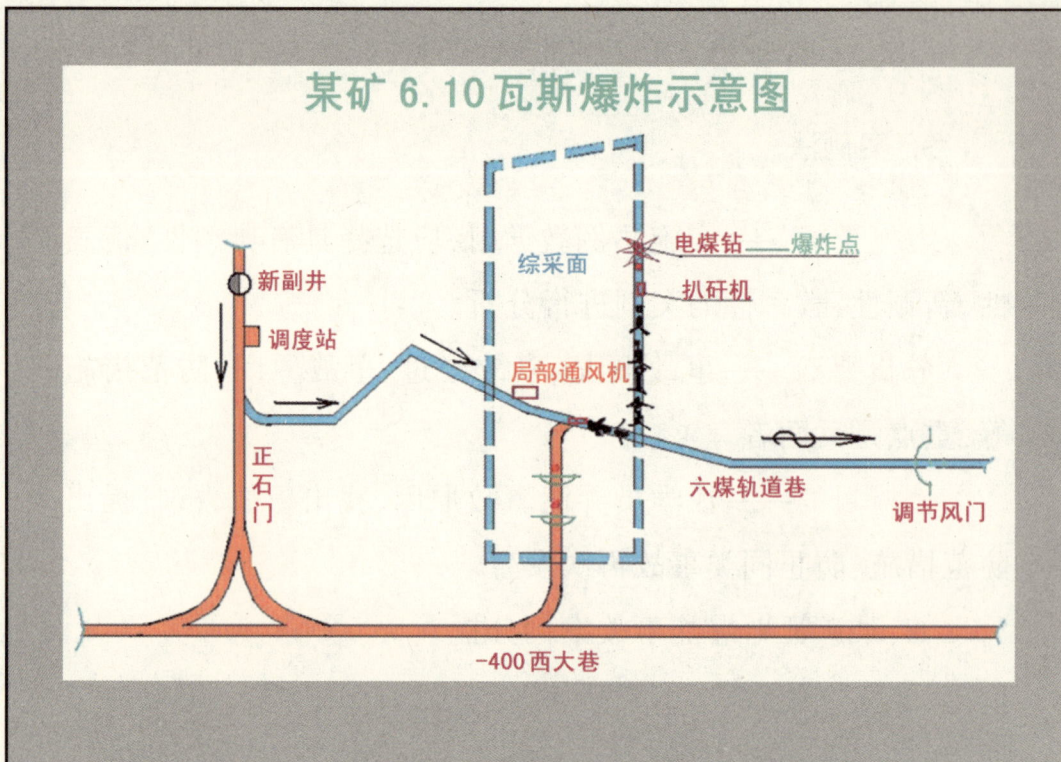

某矿 6.10 瓦斯爆炸示意图

4. 角色扮演法

是指通过实习工厂、实验室、实物教学,让学员亲自参与演练、操作等方式,以达到教学目的。如:学习自救器佩戴方法等。

5. 交叉结合法

是指教学时将上述多种方法穿插结合使用,如此教学效果会更好。

五、讲授技巧

主要有：

把握环节，开门见山，

语言表述，表情动作，

理论与实践结合，图文并茂，

教具演示，穿插幽默等技巧。

适当运用以上技巧，可显著提高教学效果。

1. 把握环节

教师上课，必须把握好以下"五个环节"：

■ 组织教学

■ 检查复习

■ 传授新知

■ 巩固新知

■ 布置作业

2. 开门见山

安全培训教学不是政治报告,应开言点题,切忌"正确的废话"。

3. 语言表述要点

☆ 简练,流畅,生动,有序,有吸引力、感召力;不要照本宣科。

☆ 抑扬顿挫——高低婉转、节奏鲜明、和谐悦耳;承上启下、富有逻辑。

☆ 深入浅出、通俗易懂。

☆ 言之有理,言之有慧,言之有情,言之有趣。

4. 表情动作

教师为人师表,要举止文明,衣着端庄,富有表情,肢体语言贴切。

让学员感受到你是一位具有教授形象、学者风度、专家水平、平易近人的好教师。

5. 穿插幽默话语和故事

教学中如果能适度穿插讲一些幽默或短小精悍、生动有趣的小故事,可活跃课堂气氛,提高教学效果。

如:当讲到事故"应急处理"概念时,就可……

6. 突出重点

对一般问题,应简述。

对重点、难点问题,应从定性、定量、分析、表述、标注及理论与实践相结合等方面详细地把问题讲清楚。也可采取互动研讨方法,让学员把重点、难点问题,通过独立思考、分析讨论来弄明白。

7. 理论与实践相结合

对教案中的重点、难点问题，如：

为什么说"外因火灾初期"现场人员实施直接灭火是安全的？

这是"矿井火灾防治"教案中的一大难点。可以采取理论与实践相结合的方法来阐述清楚。

1996 年矿业集团的某两个突出矿井，先后发生了掘进工作面瓦斯燃烧事故，施工人员因怕爆炸，早期都逃离了现场，失去了控制火势的最有利战机，导致了严重的后果。

安全性：

外因火灾初期，现场人员实施直接灭火是安全的，"一般"不会发生瓦斯煤尘爆炸，因为：

一是从理论上讲：

当瓦斯、煤尘爆炸的"三个条件"同时具备时，将必爆无疑，缺一不会爆炸。火灾现场氧气足够，火已燃起，这说明其瓦斯和煤尘都不具备爆炸条件，否则后果已经形成。所以说现场人员实施直接灭火是安全的。

二是从实践上讲：

实践是检验真理的唯一标准。数年来，全国煤炭行业，多个高瓦斯、突出矿井，在处理数十起不同性质、不同地点、不同通风条件下的各种类型外因火灾时，都持续了数小时、数小班之久，均未发生爆炸。

所以外因火灾初期，现场人员实施直接灭火是安全的；因此要头脑清醒，不怕、不等、不靠，要抢时间、争速度，迅速行动、正确处理，力争尽早控制火势。

但也有个别单位在处理外因火灾时，因方案错误、指挥错误而导致爆炸。如：

1983 年，某矿在处理掘进工作面火灾事故时，因怕蔓延，错误地停了局部通风机，救护队五出五进，历经九小时后爆炸。

这虽属个案，但也值得我们借鉴。

8. 图文并茂

图是工程师的语言,配图讲授可提高学员的理解能力、接受能力,并加深其印象。

如:当讲到"安全爆破"教案中的"三人连锁放炮"时,若只用语言表述,学员不易理解,而配图讲授,就一目了然。

绘图题:请绘出"三人连锁爆破"示意图

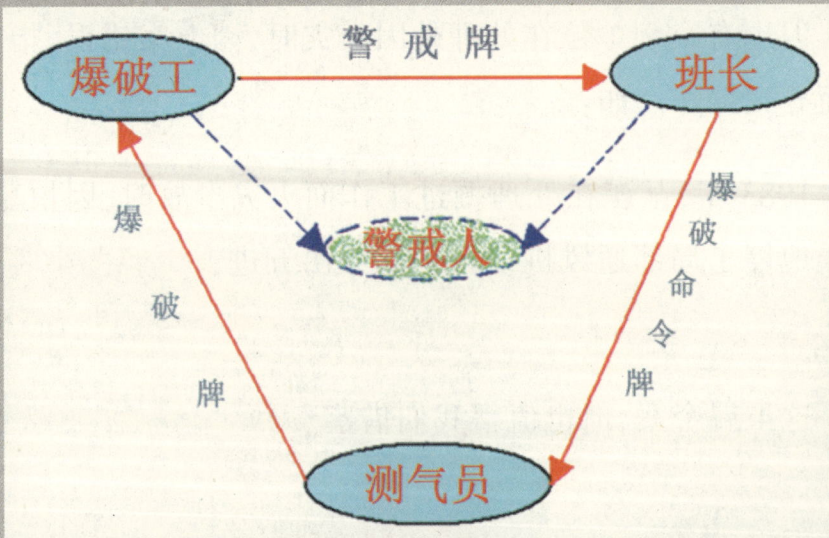

9. 教具演示

如：当讲授自救器佩用方法、现场创伤急救、复合顶板"推垮型冒顶"机理等内容时，都可用教具演示，以提高教学效果。

教案 2

煤矿安全管理与培训

煤矿安全管理与培训

加强安全管理与培训,实现长治久安。

煤矿生产工作的特殊性,决定了人们在组织生产的同时,还要和五大自然灾害作斗争,因此要想实现安全生产,就必须加强安全生产管理。

安全是指在生产经营活动中,把人员伤亡和经济损失控制在可以接受的程度。它是煤炭工业的头等大事,是煤矿生产的重点,是煤矿企业成败的关键,是煤矿职工最大的福利,是煤矿生产永恒的主题。

管理是一种现象,一个过程,也是一种约束行为。

安全管理是管理者对安全生产进行计划、指挥、协调和控制的一系列活动。

安全管理是一项复杂的系统工程,需要全员、全方位、全过程地加强全面质量管理才能实现。这就要求我们在组织生产的过程中,对可能出现的安全问题,要及时进行预测预报、早期发现、分析评价、采取措施、综合防范,以达到消除隐患、控制事故、实现安全生产的目的。

现就煤矿安全的相关问题阐述如下：

◆ 我国的安全生产管理体制、方针、格局

◆ 煤矿安全生产管理人员的必备素质

◆ 煤矿安全管理要点

◆ 安全生产隐患排查与治理

◆ 煤矿安全培训

一、我国的安全生产管理体制、方针、格局

我国煤矿安全工作体制是：国家监察、地方监管、企业负责。

我国煤炭工业安全生产的方针是：

■ 安全第一

■ 预防为主

■ 综合治理

我国安全生产工作格局是：

- 政府统一领导

- 部门依法监管

- 企业全面负责

- 群众参与监督

- 社会广泛支持

所谓**政府统一领导**——系指企业的安全生产是在政府领导下进行的，一旦发生特别重大事故，如：松花江水污染事故的抢救，涉及公安、交通、消防、救护、环保、医疗等多个部门协同抢救，只能由政府来统一指挥。

部门依法监管——系指行业的主管部门和安全监管、监察部门，按照国家的政策、法规、标准，对企业的安全生产工作进行指导、管理、监督、检查、服务。

企业全面负责——企业是预防安全生产事故的责任主体，对安全生产全面负责。

群众参与监督——广义，系指企业职工、各级工会、共青团、妇女协安会、社会团体、新闻单位等对企业的安全生产实施监督。

社会广泛支持——系指各行各业，有钱的出钱、有人的出人、有力的出力，广泛支持安全生产，积极参与事故抢救。

二、煤矿安全生产管理人员的必备素质

煤矿企业属高危行业，多年来经各级政府有关部门及煤炭企业的共同努力，煤矿安全生产总体上呈稳定好转趋势，但事故多、伤亡重的被动局面仍没有得到有效控制，各类事故仍时有发生，安全形势依然比较严峻。

究其原因，是多方面的，某些煤矿企业安全管理人员素质不高，是重要原因之一。

某省第一安全技术培训中心，举办国有煤矿安全管理人员资格培训班，64人参加，结业考试时7人不及格，占学员总数的11%，其中一正科级人员只考19分。

2005年某省一安全矿长，在全省统考时，百分制只考9分。

2005年某矿发生矿难时该矿安检部门值班人员竟然在脱岗喝酒，等等。

这些人怎能把好安全关?

从某种意义上说，煤矿企业，"成在安全,败在事故"。加强安全技术培训，提高职工综合素质，不但出安全，而且出效益。

煤矿安全管理人员应必备以下安全技术素质：

一是要精通本职业务，具有安全专业知识和技术知识。

二是有丰富的现场实践经验。

三是具有预防和处理矿山事故的能力。

这就要求安全生产管理人员不但能在现场发现问题和隐患，而且能及时控制、处理、消除隐患；当事故发生时，又能立即组织现场人员进行抢救、自救，防止事故扩大。

四是悉知安全生产法律、法规、规程、措施，尽职尽责，从严管理。

安全检查人员工作方法上：

一是必须按原则办事——对查出隐患的处理，应视其危害程度区别对待：对威胁安全的重大隐患，绝不迁就，要立即停工、停产处理；对未达到规程规定的一般隐患，可限期解决。

二是安监人员要做到"三勤"：

① 嘴勤：对职工要经常加强安全教育，使其能懂法、执法，按章作业、规范行为，做好自主保安。

② 腿勤：当班要对分管范围多走、多看，审透、查遍，不留死角；对事故隐患，做到早发现、早汇报、早控制、早处理，把事故消灭在萌芽状态。

③ 手勤：对查出的问题和隐患，可指导、协助单位整改，不要把自己完全置于被查单位的对立面。

三、煤矿安全管理要点

1. 安全理念

只有不到位的管理，没有抓不好的安全。

2. 安全管理的目的

预防和减少煤矿事故，保障职工的安全与健康，保护国家资源和财产免受损失，实现安全生产，促进煤矿企业安全发展、科学发展、可持续发展，这是煤矿安全管理的主要目的。

3. 安全管理的主要任务

在贯彻执行国家安全生产法律、法规、方针、政策的前提下，完成以下三项任务：

一是预防——系指要早期预测、发现、分析、评价在生产过程中可能出现的各种不安全因素，体现预防为主的方针。这就是国务院《特别规定》要求的隐患排查。

二是控制——系指对发现的各种不安全因素采取针对性措施，控制、消除事故发生，把事故消灭在萌芽状态。这就是国务院《特别规定》要求的隐患治理。

三是保障——通过对事故的预防与控制，从而保障煤矿能够安全顺利地进行正常的生产经营活动。

4. 安全管理主要内容

其管理内容,主要是进行安全决策、计划、组织、协调等方面活动,具体说,它包括三个方面:

■ 基础管理——如技术管理、专业管理、现场管理、安全管理等。

■ 动态管理——系指对生产经营活动中的人员、设备、物流等进行管理。

■ 信息管理——主要是对安全信息进行搜集、整理、分析、传递、反馈等。

5. 安全管理手段

主要有:

◆ 法律手段——依法办矿、执法从严、违法必究。

◆ 行政手段——安全工作部署、安全管理制度、安全行政处罚等。

◆ 技术手段——优化设计,规程、措施的编制要具有科学性、针对性、指导性和可操作性。

◆ 经济手段——安全奖惩、安全结构工资、实施安全风险金抵押等。

6. 安全管理要素

包括：

★ 人的系统

★ 物质系统

★ 能量系统

★ 信息系统等

7. 煤矿安全评价

主要有：

★ 安全预评价(立项)

★ 安全现状评价

★ 安全验收评价

8. 安全管理基本制度

为了实现煤矿安全生产,《煤矿安全规程》明确规定煤矿企业在遵守国家安全生产的法律、法规、规章、规程、标准和技术规范的前提下,必须建立健全安全管理基本制度,形成安全管理体系和长效机制。

煤矿安全管理基本制度主要有:

■ 安全生产责任制

■ 安全工作制度

■ 安全培训制度

■ 干部下井带班制度

■ 事故预防制度

■ 安全奖惩制度

■ 事故查处制度等

（1）**安全生产责任制**

安全生产责任制,是煤矿企业安全管理体系的核心,是煤矿最重要的管理制度之一。它对各级领导、各职能部门、各岗位人员的安全职责、安全行为、安全操作等都做出了明确规定,使其尽职尽责。煤矿必须建立健全以下安全生产责任制:

① **行政领导**安全生产责任制——谁分管谁负责;

② **职能部门**安全生产责任制——做好业务保安;

③ **岗位人员**安全生产责任制——规范行为、按章操作、消除三违,做好自主保安,做到"三不伤害",即:不伤害自己、不伤害别人、不被别人伤害。

在领导安全责任制方面,《安全生产法》规定,生产经营单位的**主要负责人**,对本单位的安全生产工作,**负有以下六项责任**:

一个建立:建立健全本单位的安全生产责任制。

两个制定:组织制定规章制度和操作规程。

组织制定并实施生产安全事故应急救援预案。

一项投入:保证安全生产投入的有效实施。

一项检查:督促检查安全工作,及时消除事故隐患。

一个报告:及时、如实报告生产安全事故。

作为煤矿企业的主要负责人或安全生产管理人员，**应如何依法行使安全管理责任**？

首先要学习、贯彻、执行国家安全生产的法律、法规，做到：

"三个组织"：① 组织制定本单位的安全生产责任制和各项规章制度。

② 组织制定并实施事故应急救援预案。

③ 组织安全质量检查，消除事故隐患。

两项健全：① 健全安全隐患的排查、治理、报告制度，做到早发现、早控制、早治理。

② 健全矿井安全监测系统，坚持三个并重，提高抗灾能力。

一项确保：确保安技措资金的提取和有效使用。

三个加强：① 加强现场"精细化"管理、搞好工程质量、打牢安全基础。

② 加强业务保安和安全监督，指导、监督并协助生产经营单位搞好安全生产。

③ 加强安全培训，提高职工素质，使之做到遵章守纪、应知应会按章作业、规范行为、消除"三违"、做好自主保安。

（2）安全工作制度

主要有：

■ **安全办公会议制度**——安全办公会议制度是煤矿最重要的工作制度之一，要求生产矿井每周、煤矿企业每月至少召开一次。

会议主要是总结上一时段安全生产工作，分析当前安全形势，排查重大隐患，制定安全措施，做出安全决策；部署下一时段安全生产工作，明确安全重点、目标及主要措施。

1998年某矿务局在市场"疲软"、经济运行十分困难的情况下，为解决几个矿缺少瓦斯传感器的难题，局长召开了局安全办公会议，决定由财务处筹集4 500元钱，由通风处与重庆煤科分院联系，空运28个瓦斯传感器到合肥，并专车送至各矿，安装好后，方准恢复生产。

■ 安全调度制度

■ 安全活动日制度——每周一次班前班后教育制度。

■ 事故分析报告制度——应一事故一分析一报告。

■ 坚持每月"一通三防"例会制度。

■ 坚持每月一次防突办公会议制度。

■ 坚持矿长月度"一通三防"述职制度等。

（3）安全培训制度

下面有专题讲述，此略。

（4）干部下井带班制度

每处矿井都应坚持每小班不少于一名矿级干部下井带班。

井下生产科区和辅助单位，每小班都应有一名科区级干部跟班。当采煤工作面初次放顶和收作、巷道贯通施工、探放水施工、石门揭煤、煤巷防突掘进、交叉点施工、采掘工作面过断层和老硐、处理重大隐患等作业时，跟班干部应在现场指挥。

干部带班、跟班，应与工人同上、同下，坚持8小时。班中应加强巡回检查，重点是查隐患、查质量、查制度、查纪律、查"三违"、查系统、查设施等。对查出的重大隐患未整改完不得离岗。

（5）事故预防制度

■ 安全隐患排查与整改制度(后有专题论述)。

■ 坚持"一通三防"隐患专项排查制度。

■ 坚持"一通三防"和防突督查督导制度。

■ 实行瓦斯防治工程与采掘工程"两同时一超前"(瓦斯防治工程与采掘工程，同时设计、超前施工、同时投入使用)制度。

■ 坚持瓦斯防治"一矿一策、一面一策"制度。

■ 安全质量检查制度。

■ 安全技术措施编制审批制度。

■ 工程建设"三同时"(安全设施,要与基本建设主体工程同时设计、同时施工、同时投入使用)制度。

■ 设备设施定期检查维修制度。

■ 安全教育培训制度。

■ 安技措资金提取使用制度。

■ 劳动保护制度。

■ 交接班制度。

■ 机电管理制度。

■ 坚持采掘工作面回风瓦斯浓度 0.8% 断电管理制度。

■ "一通三防"管理制度等。

（6）安全奖惩制度

● 安全目标管理制度。

● 安全风险金抵押制度。

● 安全质量结构工资制度。

● 制定安全奖惩明细条款。

（7）事故查处制度

■ 安全事故责任追究制度——谁分管、谁肇事、谁负责。

■ 一事故一查处制度——如某矿严肃查处违章排放瓦斯的做法，值得借鉴。

■ "四不放过"制度。即：事故原因未查清不放过、事故责任者未受到查处不放过、群众未受到教育不放过、防范措施未落实不放过。

■ 事故报告制度。

9. 危险源控制

什么是危险源？

因触发因素，可能导致事故的具有能量的物质与行为称之为危险源。

具有能量的物质，称之为固有危险源。如炸药、雷管等。

具有能量的行为，称之为人为危险源。如违章送电等。

什么是重大危险源？

重大危险源系指长期的或临时的生产、加工、搬运、使用或储存的危险物质，而危险物质的数量等于或超过临界单元的，称之为重大危险源。

生产经营企业，对重大危险源，应采取识别、预测、评价、控制等措施，确保安全生产。

对重大危险源应如何控制？

对固有危险源一般采取以下措施加以控制：

消除——如瞎炮处理、瓦斯排放等。

防护——如电机的安全防护罩。

隔离——如高压电气的安全隔离网。

转移——如氧气瓶用后转移到存放室。

保留——如炸药归箱、箱加锁。

对人为危险源应采取以下两种措施加以控制：

一是采取技术措施，防止人的行为失控。如采取机械化、自动化、人机联网作业等。

二是采取管理措施，防止人的行为失控。如加强安全培训，制定安全责任制、岗位责任制、安全奖惩制度，实行标准化作业、规范行为、消除"三违"等。

四、安全生产事故隐患排查与治理

"隐患险于明火,防范胜于救灾,责任重于泰山"。这表明事故隐患的排查与治理是煤矿安全管理的重要内容,是事故防范的主要方法,是各级干部的天责,是实现矿井长治久安的根本措施,务必落实到位。

事故隐患的排查与治理,总的要求是应按国家安全生产监督管理总局第 16 号令,即按《安全生产事故隐患排查治理暂行规定》严格执行。

1. 建立健全安全隐患排查、治理、报告制度

生产经营单位是事故隐患排查、治理、防控的主体。生产经营单位主要负责人对本单位事故隐患排查治理工作全面负责。

对安全隐患排查,应逐级建立岗位排查、班组排查、科区排查和矿井排查等多层次、全覆盖、"精细化"排查与治理的长效机制。把安全隐患排查、防控、治理工作落实到各级干部,落实到每个人,落实到每个班组。

由于安徽煤矿认真贯彻落实了安全隐患排查、治理制度；部分国有矿井，对安全隐患、安全信息，采取"明码标价"，实施"市场化管理"，很有创意。

引入市场机制的管理方法，促进了职工自主管理意识，促使从业人员上岗时要首先主动进行岗位隐患排查，经"安全确认"后，才开始作业。这就从源头上消除了事故隐患，收到了良好的安全效果，值得借鉴。

2007 年度，安徽省原煤产量 9 370 万吨以上，不但杜绝了一次死亡 3 人的较大事故，而且事故总量亦较少（50 起，死 55 人），煤矿安全创出了建国以来的历史最好水平。

2008 年 1~11 月，安徽省原煤产量 1.07 亿吨，发生 41 起事故，死亡 41 人；其起数和死亡人数同比分别下降 14.6 和 22.6；比国务院下达的阶段性控制指标减少 30 人，下降 42.2%；继续杜绝了一次死亡 3 人的较大事故，原煤产量和煤矿安全再创历史新高。

2. 事故隐患实施分级管理和防控

事故隐患,是指生产经营单位在生产经营活动中存在可能导致事故发生的物的危险状态、人的不安全行为和管理上的缺陷,均属事故隐患。

事故隐患,分为一般隐患和重大隐患两大类:

一般隐患——系指那些危害和整改难度较小、不会立即导致事故的隐患,为一般隐患。

一般隐患,由生产经营单位(区队、车间)负责人或有关人员立即组织整改。

重大隐患——从定性上讲,系指危害和整改难度较大,应当全部或局部停产,并经过一定时间整改治理方能排除的隐患,或外部因素影响致使生产经营单位自身难以排除的隐患。从定量上讲,是指国务院《特别规定》中的15类和《煤矿重大安全隐患认定办法(试行)》"细化认定"的67条。条条都属"高压电"。安徽煤矿安全监察局,把国务院《特别规定》中15类重大隐患的第15条"其他隐患"又细化界定为10条;这就进一步明确了其他重大隐患的内容,提高了可操作性,收到了明显的安全效果。

对重大事故隐患，由生产经营单位主要负责人组织制定并实施事故隐患治理方案。

重大事故隐患治理方案包括以下内容：

■ 治理的目标和任务

■ 采取的方法和措施

■ 经费和物资的落实

■ 负责治理的机构和人员

■ 治理的时限和要求

■ 安全措施和应急预案

3. 建立事故隐患报告和举报奖励制度

生产经营单位对发现、排除、举报事故隐患的有功人员，应当给予奖励和表彰。

生产经营单位应当每季、每年对本单位事故隐患排查治理情况，分别于下一季度 15 日前和下一年 1 月 31 日前，向安全监管监察部门和有关部门报送经本单位主要负责人签字的书面统计分析表。

4. 事故隐患排查、控制、治理图解

大致有以下两大类四种情况：

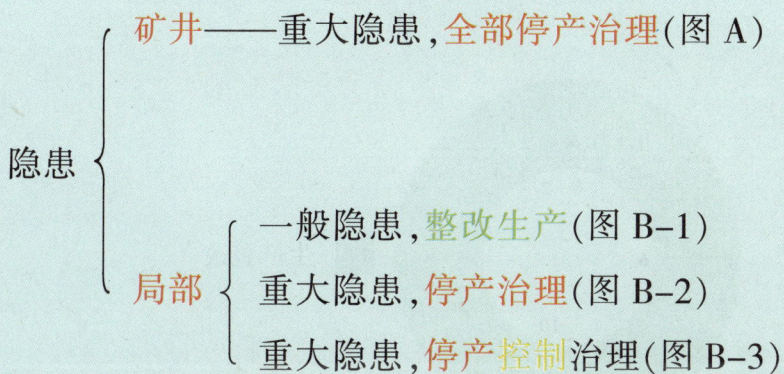

矿井——重大隐患，全部停产治理（图A）

隐患

局部
- 一般隐患，整改生产（图B-1）
- 重大隐患，停产治理（图B-2）
- 重大隐患，停产控制治理（图B-3）

如：在生产中隐患排查或地面安全监控中心发现，矿井总回风道瓦斯超限等重大隐患时，必须立即全矿停产治理。

图A 矿井重大隐患全面停产治理示意图

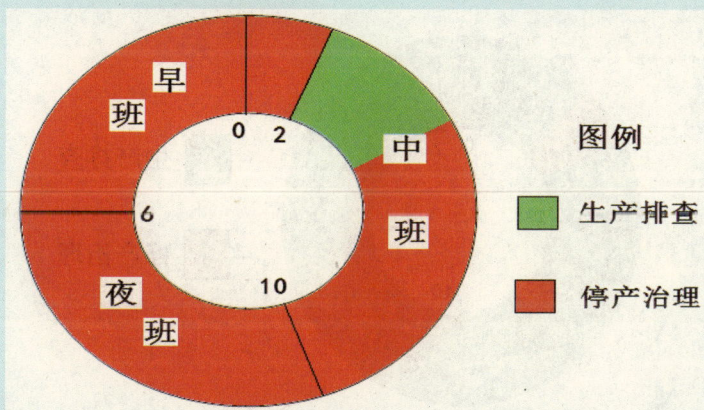

如:在生产中隐患排查发现,某采煤工作面的个别支柱不合格,属一般隐患,可在整改中生产。

图 B-1　一般隐患,整改中生产示意图

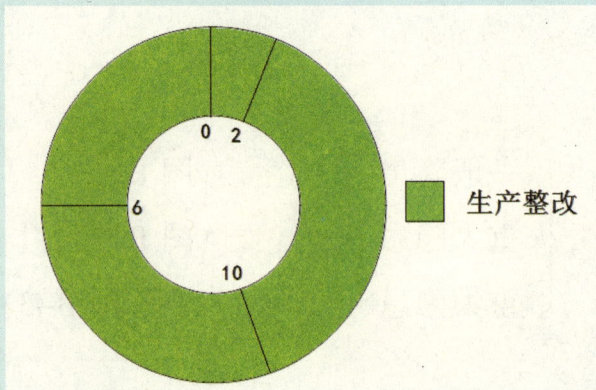

如:在生产中隐患排查发现,某采煤工作面电机的安全防护罩损坏,属重大隐患,必须立即停产更换。

图 B-2　重大隐患停产治理示意图

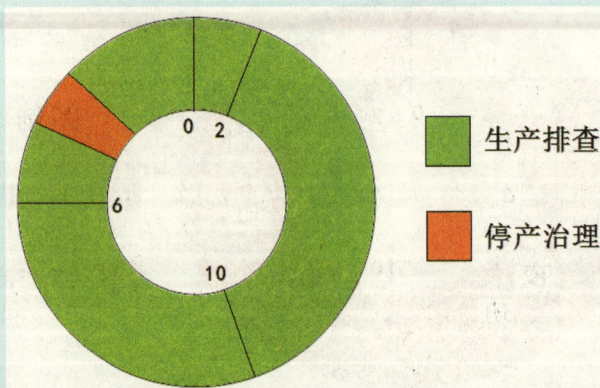

如：某掘进工作面掉电停风，瓦斯超限，必须立即停产控制——切断电源、设置栅栏、揭示警标、禁止人员入内。编制瓦斯排放措施，恢复正常通风后，方可继续施工。

图 B-3　重大隐患、控制、治理示意图

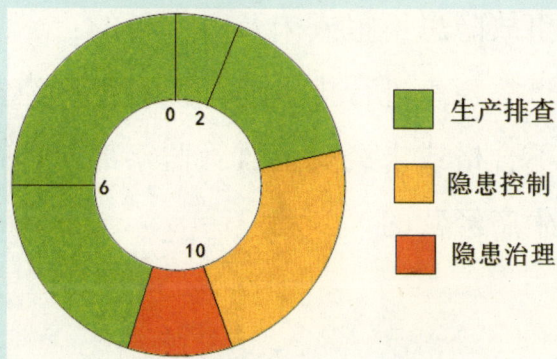

5. 处罚

凡未按《安全生产事故隐患排查治理暂行规定》进行事故隐患排查、治理、防控、报告制度的生产经营单位，由安全生产监管监察部门依法给予处罚。

如：生产经营单位违反本规定，有下列行为之一的，由安全监管监察部门给予警告，并处3万元以下罚款。

■ 未建立安全生产事故隐患排查等各项制度的；

■ 未按规定上报事故隐患排查治理统计分析表的；

■ 未制定事故隐患治理方案的；

■ 重大事故隐患不报或未及时报告的；

■ 未对事故隐患进行排查治理擅自生产经营的；

■ 整改不合格或未经安全监管监察部门审查同意擅自恢复生产经营的。

6. 关于事故隐患排查"走过场"问题

（见教案十七，此略）。

五、煤矿安全培训

加强煤矿安全技术培训工作,对提高职工综合素质,促进安全生产,提高矿井经济效益,都极为重要,因此《矿山安全法》、《安全生产法》、《煤矿安全规程》等法律法规,对加强职工安全培训做出了明确规定。

总的要求是:全员培训,持证上岗。

以下就煤矿安全培训工作讲几点意见:

■ 安全培训工作方针

■ 安全培训理念

■ 坚持依法培训

■ 分级培训管理制度

■ 新工人实行"三级培训"制度

■坚持复训制度等

1. 安全培训工作方针

我国安全培训工作的"二十字"方针是：

▲ 统一规划

▲ 归口管理

▲ 分级实施

▲ 分类指导

▲ 教考分离

2. 安全培训理念

企业主要负责人和安全管理人员培训理念：

以人为本　安全为天

班队长培训理念：

一人明白　全班安全

特殊工种培训理念：

特殊工种　特殊人员

特殊培训　特殊管理

全员培训理念：

培训不过关　人人是隐患

3. 坚持依法培训

各级煤矿安全培训机构，都应坚持依法培训原则，对培训学员要做到应培尽培。培训内容、培训时间、培训质量要达到"培训大纲"的要求，不得讲形式、求数量、走过场。

各级安全培训机构，应严格执行教考分离制度；谁发证，谁考核。

国家煤矿安全监察局,为了贯彻落实"教考分离"原则、统一考试标准,促进煤矿职工学习的主动性、自觉性,进一步提高培训效果,组织有关专家编制了 2007 年版"三类人员"安全资格考试题库。

要求从 2008 年 7 月 1 日起,各级煤矿安全培训机构举办的"三类人员"培训班结业考试时,必须全部使用 2007 年版国家题库和"计算机考试管理系统"上机考试,以取代各地过去使用题库和传统的笔试方法。不及格者,不予办证、不得上岗,待补考合格后,方准持证上岗。

4. 分级培训管理制度

根据"二十字"方针的要求,煤炭行业的安全培训工作,实施分级管理。根据培训对象的不同,建立四级煤矿安全培训机构。

一级安全培训机构——主要负责培训局级、企业级主要经营者。

二级安全培训机构——主要负责培训煤矿主要经营者、安全生产管理人员、工程技术人员、特殊工种等。

三级安全培训机构——主要负责培训科区长、特殊工种等。

四级安全培训机构——主要负责本矿的全员培训。

由于近年来煤矿频频发生突出事故,所以国家对突出煤层的开采采取了"升级管理"措施,并要求突出矿井的下井作业人员必须经过不少于 30 天的防突知识培训。

5. 新工人实行"三级培训"制度

新工人进矿要实行入矿培训、区队(车间)培训、岗位培训的"三级培训"制度。

6. 坚持复训制度

安全培训不同于技术职称资格评审,前者不能一劳永逸,复训应严格按国家相关规定执行。主要原因:

■ 随着科学技术的进步和装备水平的提高,一些新材料、新装备、新工艺不断进入安全生产领域,这就有一个知识更新的问题。

■ 国家、行业、地方政府、煤矿企业可能会出台一些新的安全法规、新政策、新规定,需要组织学习。

■ 近期可能会出现一些新经验、新案例,需要组织学习、分析、借鉴。

7. 关于自救器佩用

见教案三,此略。

教案 3

矿井灾区救护

煤矿灾区救护教案

一、课程内容

1. 课题名称

矿井灾区救护。

---

2. 主要内容

阐述灾区救护技术、原则、方法等问题:

(1) 灾区救护新技术

(2) 灾区人员行动原则

(3) 灾区人员避灾原则

(4) 灾区人员自救互救原则和方法

(5) 爆炸及重大火灾事故发生时,灾区遇险人员
　　　如何自救逃生

(6) 自救器佩用

二、培训对象

煤矿各级安全培训机构师资人员、煤矿企业主要经营者、安全生产管理人员、工程技术人员、特种作业人员、成建制队伍、新工人等。

授课时,可根据学员对象的职责、岗位、文化程度和已有知识等方面的差异,采用"因人施教"的方法。

对教材理论、实践、深度、广度区别把握,使每一类学员都能感受到本教材对其具有针对性、指导性、操作性、可行性。

三、教学目的和要求

1. 使学员了解灾区救护新技术。

2. 使煤矿企业的主要经营者和安全生产管理人员能熟练掌握灾区救护技术,正确指挥抢险救灾。

3. 使职工悉知灾区自救互救的原则和方法,使其能正确开展自救互救,以减少人员伤亡,降低事故损失。

通过案例教学,使职工加深对上述要求的理解。

四、重点与难点

重点是使学员能真正熟练掌握灾区救护的原则和方法。

难点是当发生爆炸或重大火灾事故时，灾区遇险人员如何成功逃生？

五、教学方法

采用多媒体教学、讲授法、研讨法、互动法、案例教学等方法，或多种方法相结合进行教学。

六、教具

挂图、模型、实物等。

七、学时安排

4~8 学时。

八、课外作业

1. 爆炸或重大火灾事故发生时，灾区人员如何自救逃生？
2. 灾区遇险人员自救互救的原则和方法是什么？

九、参考试题

（一）填空题

1. 发生事故时，灾区人员的<u>行动原则是</u>：<u>立即汇报</u>、<u>积极抢救</u>、<u>安全撤离</u>、<u>妥善避灾</u>。

2. 瓦斯爆炸必须同时具备的三个条件是：瓦斯积聚的浓度达到 <u>5%~16%</u> 的爆炸界限；空气中有 <u>≥12%</u> 的含氧量；有 <u>≥650 ℃</u> 的引爆火源。

3. 灾区创伤急救，应遵循的"三先三后"原则是：

对<u>出血</u>伤员，应先止血，后护送。

对<u>骨折</u>伤员，应先临时固定，后护送。

对<u>呼吸停止</u>伤员，应先进行人工呼吸，后护送。

（二）名词解释

自救——系指矿井发生事故时，灾区人员采用正确方法进行自我保护、安全撤离和妥善避灾，使自己生存下来。

（三）判断题

1. 抢救触电人员时，应先切断电源，抬到清新风流中，被救人员若呼吸停止应迅速进行人工呼吸，不得打"强心针"。（✓）

2. 当遇险人员佩用自救器从灾区逃生时，自救器发热是不正常现象，应将其扔掉，快速逃离灾区。（✕）

（四）选择题

当发生重大爆炸事故，灾区尤为严重，撤退受阻时，灾区遇险人员应_____（A、B）。

A. 立即佩戴自救器

B. 就近选择硐室避灾

C. 强行撤出"闯关求生"

（五）简答题

按附图所示，阐述当掘进工作面发生瓦斯煤尘爆炸或重大火灾事故时，灾区遇险人员 自救逃生的两大原则是什么？

爆炸或火灾事故时,灾区人员自救逃生网络图

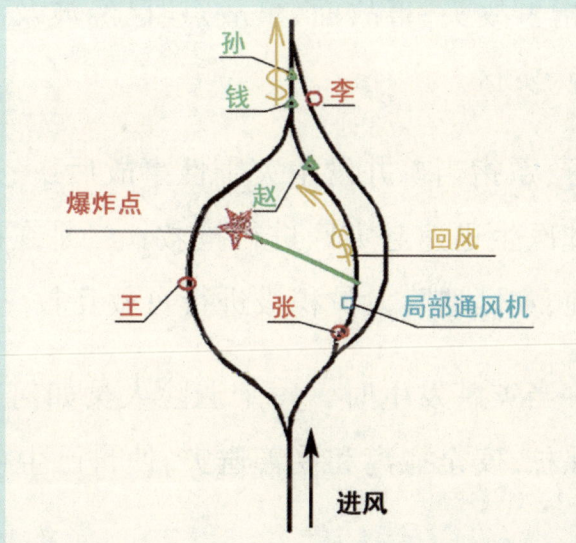

爆炸点　孙　钱　李　赵　回风　王　张　局部通风机　进风

答:灾区遇险人员自救逃生,应遵循以下"两大原则":

原则一　张、王、李三人均处于"进风侧",应向下迎风撤出灾区,就会成功逃生。

原则二　赵、钱、孙三人均处于"回风侧",应立即佩用自救器,绕捷径,从"最佳路线"逃生。即:赵应向上向左、钱向下向右、孙应向上向右撤出灾区,逃生就会成功。

矿井灾区救护

灾区,系指事故头、事故面、事故点、已经波及和可能波及的区域,均视为灾区。

灾区救护,系指当矿井发生灾害性事故后,一是指挥部令矿山救护队和医生迅速赴灾区进行抢救;二是在矿山救护队到达灾区之前,灾区遇险人员积极进行自救互救。

自救——当灾害发生时,每个遇险人员如何采取正确方法进行自我保护、安全撤离和妥善避灾,使自己生存下来。

多年来，煤炭行业数十处矿井相继发生重大爆炸或火灾事故，伤亡惨重。在遇难人员中，有些人不会使用"自救器"自救，导致伤亡扩大。如：

1997年某国有煤矿东四采区左翼下部掘进工作面放炮发生瓦斯爆炸，死亡88人。远离爆炸点千米之外采区右翼的综采工作面有8人佩用自救器自救，成功逃生，但其余44人(含运输系统电钳工)死亡；可能有以下情况：一是惊慌失措，背着自救器跑死；二是不会打开自救器而必死；三是不会正确佩用，因口具或鼻夹漏气而死亡(见下图)。

某煤矿瓦斯爆炸示意图

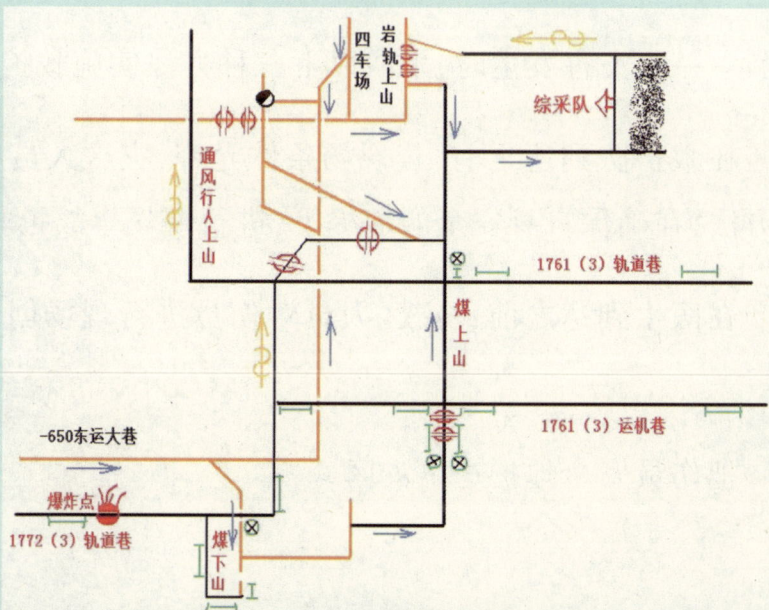

2005 年，某国有煤矿，发生了特别重大煤尘爆炸事故，在遇难的 171 人中，有些人不会使用自救器，导致伤亡扩大。

2007 年，山西某地方煤矿，发生了特别重大瓦斯爆炸事故，在遇难人员中，数十位农民工，没有经过安全培训，不会使用自救器自救，导致气体中毒死亡。

2007 年某国有重点矿井的三名工人，违章排放盲巷"里段"瓦斯；当混合气体"一风吹"出来时，排水工霍某感到头有点昏，立即打开自救器成功逃生。而有 15 年工龄的瓦检员孟某和老管子工王某两人，都不知道打开自救器自救，窒息死亡。

互救——当灾害发生时，采取以下三种方法实施救护：

一是在救护队到达之前，若现场条件允许，灾区人员应采用正确方法，在确保自身安全的前提下，进行现场事故抢救。

二是在医生到达之前，灾区人员对伤员进行现场创伤急救处理。

三是把伤员安全地护送出灾区。

　　2006 年，某国有基建矿井掘进工作面意外地发生了煤与瓦斯小型突出。由于该矿业集团重视安全培训，职工素质高，事发后，现场职工自救、互救措施得力，结果无一伤亡(详见教案六)。

　　由此可见，加强对职工的安全技术培训，有效实施灾区救护，是煤矿安全的重大课题之一，这对减少人员伤亡、降低事故损失有着重要意义，也是每一位煤矿职工必须掌握的至关重要的安全知识。

以下就灾区救护相关问题进行讲解：

◆ 灾区救护新技术

◆ 灾区人员行动原则

◆ 灾区人员避灾原则

◆ 灾区人员自救互救的原则和方法

◆ 发生重大爆炸或火灾事故时，遇险人员如何自救逃生

◆ 自救器佩用

一、灾区救护新技术

随着科学技术的进步和生产现场装备水平的提高，近年来灾区救护新技术也有较快发展；发达国家在矿山救护领域采用了一些世界领先的新技术，而我国的矿山救护技术当前还没有重大突破。

从发达国家灾区救护技术层面，可以看到他们在职工培训、灾区自救互救方面的好经验、好做法。例如：

1. 灾区通讯技术

在南非、加拿大、澳大利亚等国的井下和灾区的通讯设备，都广泛采用了"无线移动电话"，其发送的信号，可穿透煤层、岩层和土壤，实现远距离传送，达到了方便、快捷、安全、高效的要求。在事发的第一时间，灾区职工能够立即汇报灾情，指挥部能迅速制订有效的抢救方案、组织快速救援。这对减少事故伤亡、降低事故损失、防止灾变继发、组织成功抢救极为重要。

1996年某国有矿井发生了掘进工作面瓦斯燃烧事故，3名救护队员在灾区执行任务时因迷路而遇难。如果这三人当时装备有这种先进的"无线移动电话"，事故就不会发生(详见教案十)。

2. 灾区搜救技术

近年来发达国家在灾区搜救方面,采取了声纳探测、地音探测、机器人搜救等多项先进新技术。如以色列等国具有世界领先的矿井"人员定位搜救系统"。而我国某大城市施工地铁发生坍塌事故后,到第二天还不知道遇险人员被埋在哪里。

2006 年美国某矿的 3 000 米深井,发生瓦斯爆炸事故,13 名矿工被困,矿主采用了地面打钻,把机器人从钻孔内送入灾区执行搜救探查任务。因灾情严重,搜救了多日。这次矿难造成 12 人死亡、1 人重伤。虽然这次机器人搜救失败,但已凸显其搜救技术的先进性。

2006 年 4 月 25 日,澳大利亚的某金矿,因地震发生坍塌事故。生产现场有 17 人作业,其中 14 人立即撤到避难硐室中避灾,成功获救。另有 1 人死亡,2 人被困千米深处。

矿主实施救护的方法:

一是采取了通过管道向被困人员输送饮水、食物、氧气、维生素、衣物、充气床垫等物品的救援措施。

二是采用大功率掘进机、岩石切割机和装有金刚石钻头的链锯条等高科技装备,快速挖掘救援通道。

当救援通道距被困人员只剩 1.5 米时,救援人员听到了说话声,于是立即停止了挖掘,改用化学药剂裂开岩体,成功地营救出 2 名被困人员,历时 14 天。

3. 职工自救装备

关于职工自救装备,美国矿井每个井下作业班组都配有两个"便携式布帘",做快速构建临时避难硐室应急使用。

在加拿大等国,入井人员佩用的自救器,体积小,质量轻,氧量多,可在灾区使用 1 小时。

美国 2006 年 3 月已通过立法,将入井人员的自救器从现有的用量 1 小时增加到 2 小时,在两年内装备完毕。这就大大提高了灾区遇险人员自救生存几率。

而我国国产的自救器,在灾区使用时限仅为 30~40 分钟,差距较大。

4. 井下安全装备

加拿大某钾盐矿,除装备有先进的安全监测系统和完善的常规安全设施外,井下设有世界一流的"特别避灾硐室"。硐室长 45 米、宽 15 米,设有安全门、照明、电话、饮水、食物、氧气、桌椅、床铺、厕所等设施和物品,可供数十人 40 小时避灾使用。

其安全门可隔爆、防火、防水、密封,与灾区环境隔绝。特别避灾硐室,宽敞明亮,安全舒适(见下图)。

特别避难硐室示意图

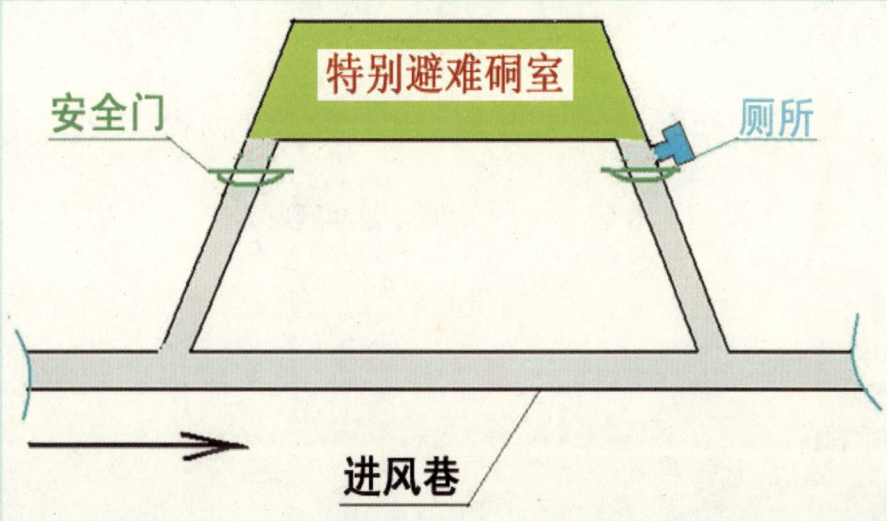

安全门　特别避难硐室　厕所

进风巷

该钾盐矿于 2006 年 1 月 29 日发生了重大火灾事故, 72 人被困。

灾区人员立即用"无线移动电话"向矿指挥部汇报灾情→立即佩戴自救器→迅速撤离到"特别避灾硐室"中避灾→(矿指挥部) 救护队快速出动→同灾区人员联系, 进一步了解灾情→采用高科技灭火手段扑灭火灾→恢复灾区通风→成功营救出全部 72 名被困人员。

该矿从事故发生到救援工作结束仅用了 26 小时。

　　加拿大钾盐矿重大火灾事故的成功处理，给我们以下几点启示：

■ 高科技，是实现煤矿安全生产的必要前提。

■ 高投入、精装备、严管理，是实现煤矿安全生产的基础。

■ 加强安全培训，提高人员素质，是实现煤矿安全生产的保障。

二、灾区人员行动原则

当事故发生时，灾区人员应遵循以下行动原则：

■ 立即汇报

■ 积极抢救

■ 安全撤离

■ 妥善避灾

1. 立即汇报

汇报时，要实话实说，把事故发生的单位、时间、地点、原因、性质和灾害程度汇报清楚；不清楚的情况不要乱说，以免误导领导决策。例如：

△某国有矿井发生爆炸事故后，远离爆炸点，被爆炸波冲击到的职工，错误地汇报了事故性质，导致领导决策失误，结果死亡 40 多人。

△1995 年，某国有矿井采煤工作面发生了瓦斯爆炸事故，井下职工误报"突出"，在抢救过程中发生了二次爆炸，造成死亡 76 人的重大伤亡事故。

△1984 年某高瓦斯矿井，一掘进工作面爆破着火。由于施工队是外包队，素质较差，事发后一没有实施直接灭火，二没有向矿领导汇报，而是见火逃离，结果失去了早期控制火势的战机。9 小时后发生瓦斯爆炸，死亡 9 人。

△2003年某国有矿井,发生瓦斯爆炸事故,死亡86人。事故发生后,在远离爆炸点的-590大巷第三台胶带输送机的流动电钳工向矿调度室汇报了灾情。矿领导立即令四个救护小队赶赴灾区救援。

由于汇报及时、搜救及时,搜救出了28名烧伤人员,其中有9人重度烧伤,但无一死亡(详见教案十七)。

所以事故发生后,灾区人员第一项行动原则,即"立即汇报",是非常重要的。

2. 积极抢救

讲两点安全注意事项:

一是若现场条件允许,应立即实施现场抢救。如发生触电、冒顶等事故。

二是应采取有效措施,在确保抢救人员自身安全的前提下,去抢救他人,否则就会造成扩大伤亡。例如:

△2000年某矿采煤工作面冒顶埋一人,因未加强好周边支架,就急于去扒人,结果在处理过程中,发生二次冒顶又埋了4人,最后造成5人死亡。

△1987年,某矿采煤工作面冒顶,包括跟班区长在内埋了5人。班长在组织抢救的过程中,发生二次冒顶,包括班长在内又埋了4人,结果是死亡8人、重伤1人。

3. 安全撤离

也讲两点安全注意事项：

一是事故发生时若条件不允许抢救，就进行自我保护，安全撤离。

二是在抢救过程中发生危及安全的紧急情况时，也应立即撤离。

△某矿胶带机火灾死亡 17 人。其中 1 人佩戴好自救器后，本可以安全撤出灾区。但他没有立即撤离，坐等同班好友，结果氧气耗完而死亡。

△某矿发生电缆火灾死亡 21 人，其中有 2 人属扩大伤亡。由于灾区内还有工人未撤离完，现场有一名副矿长，令其他人员立即撤离，而他带着另一名职工，在没有佩戴自救器的情况下，顶着浓烟进入灾区去营救其他工人，结果一个人也未救出，他们二人也牺牲于灾区。

△2002 年某矿发生了突出事故死亡 13 人。当时瓦斯逆流达 2 000 米之远，两个生产采区的瓦斯长时间处于爆炸界限，灾区中的大量人员迅速撤离。有一名掘进队长已经撤离到上一个阶段，即将脱险，但他发现本班一名工人还未跟上来，于是他令别人继续撤离，自己在未佩戴自救器情况下，迎着高浓度瓦斯，返回灾区去营救本班工人。结果，事与愿违造成了扩大伤亡。

对上述的副矿长、掘进队长和那位戴好自救器坐等同班好友的工人，**正面评价**他们，说是思想境界高、阶级感情浓、勇于施救、不怕牺牲——等等，都不过分。但他们**实质上**，是属于违规无知、盲目施救，从而导致了扩大伤亡。

在井下灾区救护中，不能提倡这种缺乏安全知识、违反灾区人员行动原则而盲目施救的行为，否则，只会导致不应有的扩大伤亡。

4. 妥善避灾

再讲两点安全注意事项：

一是事故发生后，灾区灾情严重，既不允许抢救，又不允许撤离，就应妥善避灾。

二是撤离途中遇有后路冒堵等情况，应就近避灾。

△1982 年某国有矿井发生胶带机着火事故。事故发生后，灾区采取了断电措施。正在北二大巷迎头施工的 7 名工人，当局部通风机停后走出工作面时，见大巷浓烟滚滚。当时进矿时间不长的 3 名新工人心理素质差，不听班长等人劝阻，强行从烟雾中逃生，结果死于灾区。班长沉着冷静地率领另外 4 人退回迎头避灾，并打开压风自救，数小时后火灾扑灭，4 人安全获救。

△1983 年某低瓦斯矿井煤巷掘进工作面中部突发外因火灾，火点内有 10 名掘进工被堵，他们退回迎头避灾，并立即把烧断的风筒撕开，挂设两道临时风帐，堵挡火灾烟雾，同时开压风自救，5 小时后火被扑灭，10 人安全获救。

他们成功的避灾经验值得借鉴(见下图)。

某矿掘进工作面火灾事故示意图

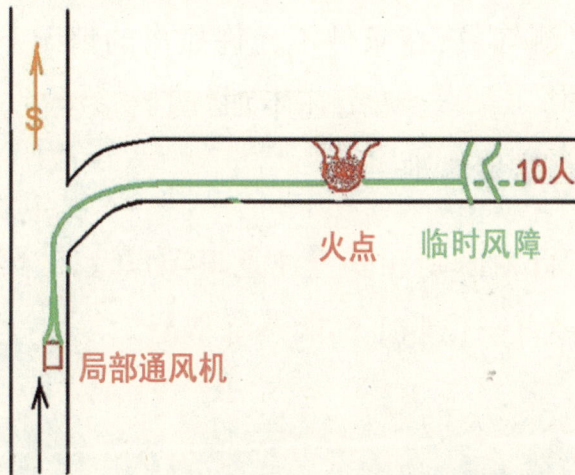

火点　临时风障

10人

局部通风机

△1991年某矿采区变电所发生火灾，引燃了上山胶带，死亡27人。有一名工人在回风侧的硐室里，独自避灾数小时后安全获救。

△2005年某矿发生重大煤尘爆炸事故，死亡171人。灾区灾情尤为严重，有一处集聚了26人，其中有一名瓦检员张某高声自荐："我是瓦检员，对灾区的巷道布置比较熟悉，请大家沉着冷静，切勿乱跑，跟我一道撤离。"他带领大家想从采区变电所经轨道进风上山撤出灾区。他选走的撤退路线是正确的。但由于变电所三叉门被爆炸波冲击冒顶而堵塞，于是张某叫大家不要惊慌，一道退回去。他找到一处断面较大、烟雾较少的拐弯巷道避灾。数小时后，体质较差的少数人晕了过去，体质较好的人也有晕眩不适之感，在这关键时刻，救护队赶到了，26人奇迹般的全部获救。

另有一名测气员,在条件不允许撤离的情况下,心理素质较差,他想与其"避灾等死",还不如"闯关求生",于是就独自迎着烟雾逃生,结果遇难了。

上述灾区行动原则和安全注意事项以及四个案例,是十分重要的,希望每一位职工都能熟练掌握。

三、灾区人员避灾原则

1. 选择适宜硐室

事故发生后,灾区遇险人员不具备撤离条件或撤离后路被堵时,应就近选择适宜硐室避灾。如:可利用变电所、机电硐室、两风门间巷道或临时构筑避难硐室。

2. 保持良好心态

在避难硐室避灾时,遇险人员要沉着冷静,坚定信心,互相鼓励,克服困难,不悲观,不忧虑,静坐待救。严禁大哭大叫、焦躁乱跑。

例如:1961 年某矿变电所着火,遇险 53 人,其中:保持良好心态、静坐避灾的 18 人获救;而其余 35 人均因哭叫乱跑而死亡。

3. 加强安全防护

就地取材构建临时挡风墙、挂风帘,防止有害气体涌入。

4. 改善生存条件

遇险避难人员应服从领导,听从指挥,注意节约用灯、节食、节水。有条件时可利用压风自救,尽可能延长生存时间。

△解放前,淮南大通煤矿冒顶,一工人被堵在里面,这个工人喝水沟水解渴、吃自己的窑衣充饥,坚持20天奇迹般地得救。

△2005年河北某石膏矿发生冒顶事故,一人失踪。抢救到第15天,已超过了人的生存极限,此人竟奇迹般的获救。其原因就是他除冷静、自信外,靠喝自己的小便延长生存时间,终于得救。

5. 积极联系求救

如用电话联系;在硐室门口挂工具等求救标志;用铁器有节奏地敲击管路、铁道等发出求救信号;也可指派有经验的同志去探索新的撤退路线。

6. 集体探索求生

在上述努力全部无效、粮绝、灯灭奄奄一息的情况下,不要坐以待毙,可集体手挽手摸巷帮管路、铁道寻找出路。

四、灾区人员自救互救的原则和方法

1. 自救

若发生瓦斯煤尘爆炸或火灾事故时，位于回风侧人员，应佩戴自救器迅速撤出灾区。

2. 互救

灾区人员应积极抢救伤员，并把他们运到安全地点。

3. 灾区创伤急救的原则和方法

在救护队和医生到达之前，灾区人员应根据伤员伤情，就地取材，按照"三先三后"原则及时、正确地对伤员进行急救处理：

■ 对出血伤员应先止血，后护送。

■ 对骨折伤员应先临时固定，后护送。

■ 对呼吸停止的伤员应先进行人工呼吸，后护送。

△1991年某国有煤矿,爆破工放完采煤工作面的炮后,坐在机巷里的炸药箱上休息时, 小腿骨被链板机拉出来的铁柱抵断。当时现场的职工不会止血,从地面下来的医生亦不会止血。当这位爆破工被运到地面保健站时,血压为零,因失血休克而死亡。

△2002年某国有煤矿一工人在运输大巷违章扒车未上去而造成大腿骨骨折,动脉血管断裂,血流如注。当时有一位工人说:我在培训中心学过,赶快给他止血。这位工人解开灯带,在伤者大腿根部连扎两道扣紧,动脉血管被扎住。由于现场创伤急救及时、正确,减轻了伤员流血,减少了伤员的痛苦,更保住了伤员的性命。该矿矿长为表彰这位工人学以致用救护工友有功,奖励其500元奖金。

五、发生重大爆炸或火灾事故时,遇险人员如何自救逃生

这是该专题的难点之一,是十分重要的安全知识,每一位职工都应掌握。

灾区遇险人员自救逃生时,应遵循以下四大要点、两大原则、三条路线。

四大要点是：

(1) 总的要求是什么？

(2) 当听到爆炸声或感到爆炸波时，怎么办？

(3) 当爆炸波过后，怎么办？

(4) 当撤退路线冒堵时，怎么办？

两大原则是：

(1) 若人员位于进风侧，怎么逃？

(2) 若人员位于回风侧，怎么逃？

自救逃生的三条路线是：

我们把逃生成功率最高的那条路线，称之为"最佳路线"。把逃生成功率极小的那条路线，称之为"死亡路线"。把另一条比上不足，比下有余的路线，称之为"中间路线"。

哪一条是"最佳路线"？ 为什么？

哪一条是"死亡路线"？ 为什么？

哪一条是"中间路线"？ 为什么？

并就图进行讨论、解读。

1. 撤退四大要点

（1）总的要求

要沉着、冷静、不慌乱，服从领导，听从统一指挥，互救互助，按避灾路线有序撤离。严禁个人盲目逃生。

△2003年某矿发生特大瓦斯爆炸后，指挥部命令井下全部人员立即实施紧急撤离。远离爆炸点的皮带机司机接到紧急撤离命令后，失去了理智，连上井的路线都忘了。当他逃到盲巷口时，撕开栅栏，闯入盲巷，最终窒息死亡。

（2）当听到爆炸声或感到爆炸波时
应迅速背朝爆炸波方向卧倒，脸朝下，头放低；若有水沟，应卧沟边，用湿巾捂住鼻口，瞬间屏住呼吸，避免呼吸道灼伤。

（3）当爆炸波过后
应迅速佩戴自救器，沿"最佳路线"撤出灾区。

(4) 当撤退路线冒堵时

应选临时避难硐室，静坐待救，并注意：

※ 就近选择支护良好、有毒有害气体少的硐室。

※ 组织好节灯、节食、节水、互救；有条件时可利用压风自救。

※ 室外要设求救标志——如挂衣服、工具等。

※ 发出求救信号——可用不产生火花的木棍有节奏敲击管路、轨道、开关等。

※ 必要时可派有经验的老工人探索新的撤退路线。

※ 当时间很长，灯灭、粮尽时，可集体沿管线、巷帮探索求生。

2. 自救逃生两大原则

原则一：若人员位于"进风侧"，

应迎风撤出灾区。

原则二：若人员位于"回风侧"，

要立即佩戴自救器；

绕捷径，走"最佳路线"逃生；

迅速进入新鲜风流；

迎风撤出灾区(见下图)。

爆炸或火灾事故时,灾区人员自救逃生网络图

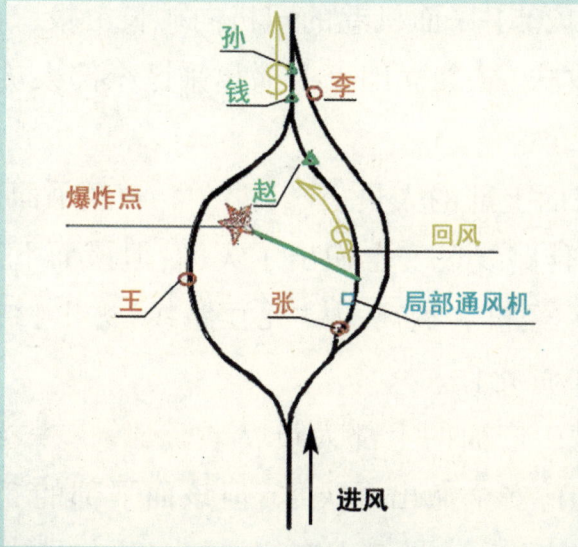

张、王、李三人均处于"进风侧",应向下迎风撤出灾区,就会成功逃生。

赵、钱、孙三人,均处于"回风侧",应立即佩用自救器,绕捷径,从"最佳路线"逃生。即:赵应向上向左、钱向下向右、孙应向上向右撤出灾区,逃生就会成功。

△1988年某矿,发生了胶带机火灾事故,灾区13人(其中只有1人无自救器)慌乱中失去理智,竟然不知道打开自救器自救,背着自救器在烟雾中逃跑而死亡。

△1979 年某矿,采区运输下山胶带机,因联轴节喷油引发火灾,死亡 18 人。

事发后,12051 采面机巷的司机向矿长汇报,在进风流中有烟雾和胶皮味。矿长立即下令撤离采区全部人员。接到撤离命令后:

12051 采面上部的人员,顺着烟向上→经采面回风巷→轨道下山从"最佳路线",安全撤出了灾区;但该面下部的 15 人,逆着烟向下→经机巷撤离,从"死亡路线"逃生,结果 15 人全部一氧化碳中毒死亡。

12081 试生产面的上部人员,顺着烟向上→经采面回风巷→轨道下山,安全撤出了灾区;但该面下部的 3 人,逆着烟向下→经机巷撤离,结果 3 人在绕道口一氧化碳中毒死亡。

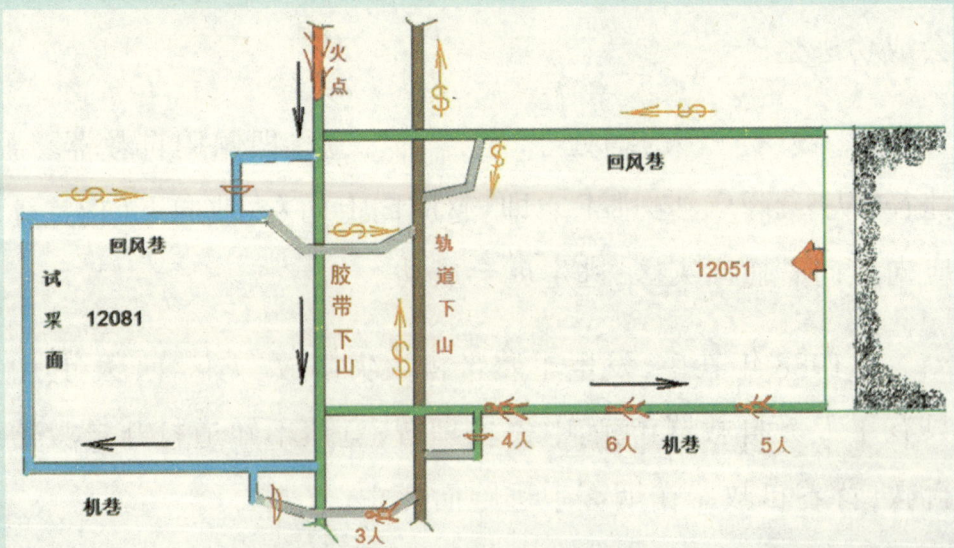

某矿"12.7"火灾事故示意图

这次火灾事故导致 18 人重大伤亡的主要原因是：

■ 联轴节的保护塞不合格，导致火灾事故发生。

■ 矿长没有明确撤人的路线。

■ 职工缺乏安全技术培训，素质差，不知道自救逃生的"两大原则"、"三条路线"，从而导致了重大伤亡。

△1997 年某矿掘进工作面发生特大瓦斯爆炸，死亡 88 人。

远离爆炸点一综采工作面，有 8 人佩用自救器，从"最佳路线"成功逃生，但该面的其余 44 人(含运输系统电钳工)全部死亡。

可能有以下原因：

一是惊慌失措，背着自救器跑死；二是不会使用自救器而死亡；三是佩戴好自救器后，从"死亡路线"逃生而死亡；四是没有处理好"适速与制氧"问题而死去。

六、自救器佩用

《煤矿安全规程》规定："入井人员必须随身携带自救器。"自救器是一种体积小、质量轻、便于携带的矿工灾区自救的专用装备。

自救器分"过滤式"、"隔离式"两大类。不同类别的自救器其构造、工作原理、适用条件和佩用操作方法也各不相同。每一位职工都要熟练掌握本单位自救器的佩用操作方法，确保能在事故发生后的"30秒或40秒内"快速打开自救器，正确佩戴完毕。只有这样，你才可能安全逃离灾区。

现就煤科总院重庆分院研制并荣获 ISO9001 国际质量认证的"AZH-40型"化学氧自救器的佩用操作方法介绍如下：

1. 要求

每个下井工，句句要记清；

会用自救器，安全有保证。

2. 使用方法——七言口诀

前转手托撕护套，　　拇指撬开封印条。

丢掉上壳取主体，　　丢掉下壳戴头套。

拔掉口塞咬口具，　　拉开销环吹口气。

鼻夹腰带夹系齐，　　适速捷径离灾区。

3. 安全注意事项

服从领导，　　听从指挥。

沉着冷静，　　切勿绊碰。

禁言闭嘴，　　咽掉口水。

关爱当头，　　手语交流。

罐热勿躁，　　生氧之道。

适速捷径，　　安全逃生。

教案 4

矿井重大灾害性事故处理

矿井重大灾害性事故处理

　　本教案仅阐述"重大灾害性事故"的处理,而不涉及灾害防治。

　　重点——是使学员能熟练掌握重大灾害性事故处理的程序、原则和方法。

　　所谓处理的程序,系指先干什么,后干什么;所谓处理原则,系指怎么干。

　　难点——抢救指挥部如何尽快制订出有效的处理方案,控制灾变,成功地组织事故抢救。

　　所谓"重大灾害性事故",系指灾害程度严重,处理难度较大,能给矿井造成严重危害的事故。

　　众所周知,多年来,我国煤炭行业,随着科学技术进步,装备水平提高,安全管理加强,矿山事故虽然有所控制,从总体上讲处于持续、稳定、好转的发展态势(见下图)。

全国煤矿安全生产态势图

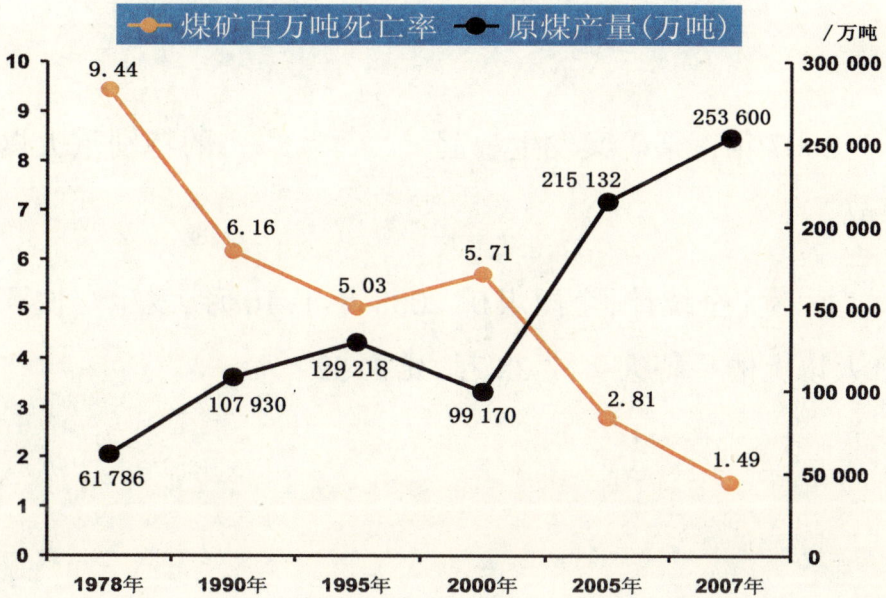

但由于地质条件的多变、思想上麻痹、技术上疏忽、管理上漏洞、操作上违章等原因,各类伤亡事故,仍时有发生,事故总量仍然较大,重特大事故仍未得到有效控制,煤炭行业的安全形势仍较为严竣,如:

2004 年,全国煤矿发生一次死亡百人以上"矿难事故"2 起。

2005 年,全国煤矿发生一次死亡百人以上"矿难事故"4 起。

2007 年，某矿又发生一起死亡百人以上的特别重大爆炸事故。

据不完全统计，全国煤矿 2008 年 1~10 月，发生一次死亡 10 人以上的重特大事故 28 起，死亡 529 人。

从某种意义上说，煤矿企业"成在安全、败在事故"。

矿井发生重大灾害性事故后，必将给国家财产和职工生命安全造成重大损失；因此，如何妥善处理、防止事故扩大，减少事故损失，尽快恢复生产，是煤炭行业的重大课题。以下主要讲：

◆ 事故类型

◆ 事故特点

◆ 处理程序

◆ 处理原则

◆ 处理要点

◆ 事故案例

一、事故类型

重大灾害性事故,按事故类别大体可分为:

（1）瓦斯煤尘爆炸事故

（2）煤与瓦斯突出事故

（3）突水事故

（4）顶板事故

（5）火灾事故

（6）停电事故等

二、事故特点

重大灾害性事故,虽然在原因、性质、自然条件、表现形式、产生后果、处理方案等方面,均不尽相同,但总的来讲,仍有其共同的特点:

※ 突发性

※ 灾难性

※ 破坏性

※ 继发性

※ 棘手性

1. 突发性

系指事前往往预想不到,瞬间突然发生了的事故。由于突发性,对事故单位的领导心理冲击很大,往往使其措手不及,很难在短时间内提出有效的处理方案和安全措施;若有失误,必将造成事故扩大。例如:

1958 年,某矿把瓦斯爆炸误判成火灾事故,令主要通风机停风 2 小时,结果造成 43 人死亡、26 人受伤的悲剧。

2. 灾难性

系指事故往往造成群死群伤,后果严重。例如:

1935 年某矿,掘进工作面突水,死亡 536 人。

1942 年某矿,瓦斯煤尘爆炸,死亡 1 549 人。

1960 年某矿,发生煤尘爆炸事故,死亡 684 人。

1961 年某矿,发生火灾事故,死亡 110 人等。

1971 年某矿,采面初放期间冒顶,死亡 17 人。

某矿业集团 1980~1997 年间发生特别重大爆炸事故 12 起,共死亡364 人。

国外煤矿灾难性事故有：

1906 年法国的古里尔煤矿，发生煤尘爆炸事故，死亡 1 099 人。

1963 年日本的三池煤矿，发生煤尘爆炸事故，死亡 458 人。

1992 年土耳其某煤矿发生瓦斯爆炸，死亡 270 人。

2004 年俄罗斯某煤矿发生瓦斯爆炸，死亡 47 人。

2006 年，美国等多个国家的煤矿均发生瓦斯爆炸，伤亡惨重。其中：美国(12 人)、墨西哥(65 人)、土耳其(17 人)、印度(57 人)。

2007 年俄罗斯某煤矿发生瓦斯爆炸，死亡 110 人。

2007 年乌克兰某矿发生一起瓦斯爆炸事故，死亡 106 人。

等等。

3. 破坏性

系指事故往往使矿井的生产系统、通风系统、安全设施、巷道、设备等遭受严重破坏。例如：

1980 年某矿，采煤工作面发生煤尘爆炸，不但造成了 55 人死亡，而且使 3 264 米巷道以及巷道内所有的系统、设施、设备均遭到了严重破坏，矿井停产达数十日。

4. 继发性

系指首次事故发生后，在短时间内同类或诱发事故连续发生。例如：

1995 年某矿、1997 年某矿采面瓦斯爆炸后，均发生数次连续爆炸，分别死亡 76 人、45 人，致使事故当时无法抢救，被迫强行封闭。

1981 年某亚洲发达国家煤矿，发生煤与瓦斯突出事故，诱发瓦斯爆炸，后又引起火灾，一次死亡 93 人，致使矿井长时间关闭。

5. 棘手性

一是指事故处理难度大，多变性强，相当棘手。

二是指在事故处理过程中，往往会发生灾变，出现意外困难，顾此失彼，导致事故扩大等情况。例如：

1990 年某矿，在处理井下胶带机火灾事故过程中，发生风流逆转，死亡 80 人。

1981 年某矿，在处理岩石上山透水事故时，发生"堆积坝"溃决导致二次溃水，伤亡 31 人。

2008年7月，陕西某年产400万吨的地方国有现代化基本建设低沼矿井，为了眼前的利益，在通风系统还未形成、无证照的情况下，综采工作面用两台局扇通风进行生产，到事发时该矿已出煤五万吨。当局扇停电，工作面处于无风的情况下，实施初次强制放顶，打36个眼，装1 800千克炸药。

放炮发生炮烟熏人事故后，该矿既未及时汇报，又未招请矿山救护队抢救，令一名副经理组织三批本矿没有经过依法培训职工，下井抢救，他们连自救器都不会用，结果包括这名副经理在内，死亡18人。

2008年黑龙江省某煤矿，年产4万吨，低沼，证照齐全，11月30日采煤工作面发生瓦斯爆炸事故，当班出勤25人。爆炸发生后，8人安全升井，两人被救护队救出脱险，15人死亡。

救护队在灾区救护恢复通风的过程中，发生次生冒顶事故，导致3名救护队员死亡。

据统计,从建国至 1999 年的 50 年间,全国煤矿在处理重大灾害性事故过程中,因灾情误判、方案错误、指挥失误、措施不力、灾变继发等原因,造成救护队伤亡的就达 218 起,救护队员死亡 457 人。开滦、淮南、淮北等原煤炭部直属矿务局,均发生过救护队员伤亡的情况。

重大灾害性事故处理起来如此棘手,究竟应如何正确处理呢?

三、处理程序

重大灾害性事故发生后,除按"矿井消灾(灾害预防与处理)计划"的有关事宜处理外,应遵循以下两道处理程序:

■ 事故报告程序

■ 事故抢救程序

重大灾害性事故发生后，其处理程序分为报告程序和抢救程序，该两道程序应同时进行。

1. 事故报告程序

煤矿发生事故后，事故现场、事故单位和相关部门，应按国家《煤矿生产安全事故报告和调查处理规定》规定的程序和时限逐级报告，不得迟报、漏报或瞒报(见下图)。

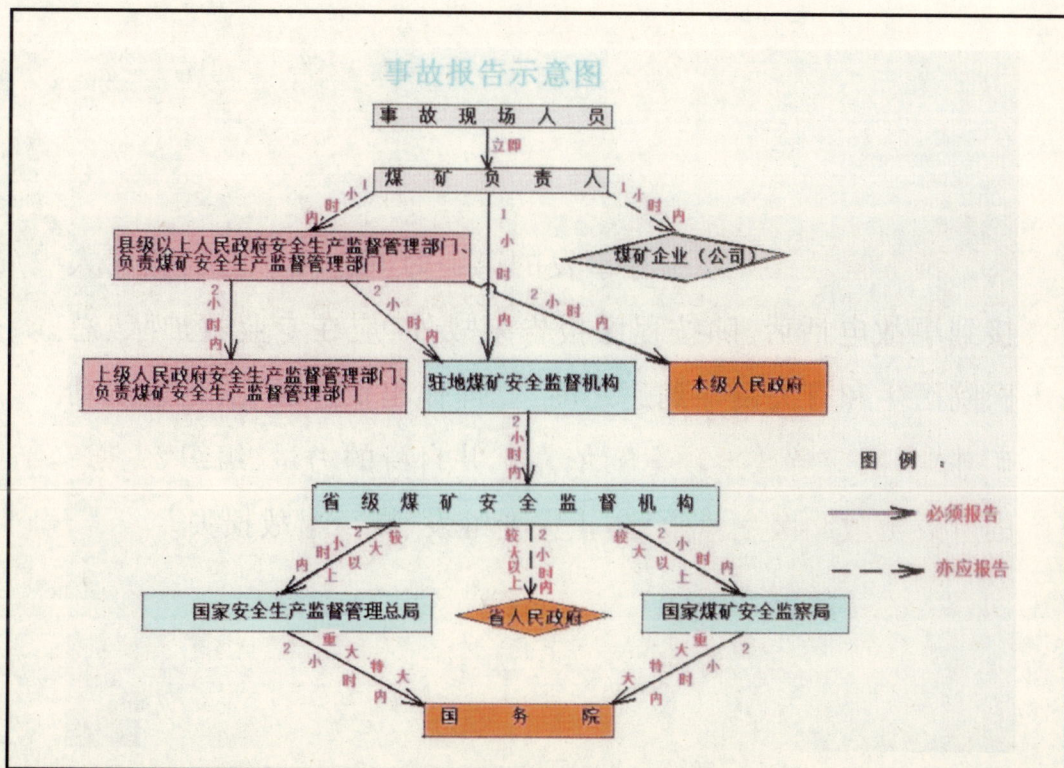

事故报告示意图

2. 事故抢救程序

事故抢救程序分为现场抢救、预案抢救、方案抢救三道程序。

现场抢救——系指事故发生后,若事故现场条件允许(冒顶、触电等),带班干部或班队长,应在汇报事故的同时,立即组织现场人员,进行现场抢救。若有伤员,亦不要等医生到,要立即进行现场创伤急救,时间就是生命。

预案抢救——系指在事发的第一时间,煤矿主要负责人接到事故电话后,除按程序报告事故外,应在专业救护队、总医院医生和有关领导到达之前,立即作出快速反应,迅速启动矿井"事故应急救援预案",依靠矿井自身的力量,组织"先期"的事故抢救和医疗急救,防止灾变继发、减少事故损失。

方案抢救——系指随着时间的推移，当上级和有关部门的领导及矿山救护队等到达后，事故矿井依据《中华人民共和国矿山安全法》和《煤矿安全规程》的规定，应迅速成立抢险救灾指挥部，由矿长任总指挥，制定处理方案，实施方案抢救。

"应急预案领导小组"，不得代行指挥部职责。

抢救指挥部的主要职责是：

★ 听取事故汇报

★ 分析灾害情况

★ 制订处理方案

★ 审定安全措施

★ 下达决策命令

★ 组织事故抢救

★ 恢复正常生产

四、处理原则

关于矿井瓦斯爆炸、重大顶板等灾害性事故的处理,另有专题讲述。本教案只对矿井外因火灾事故处理原则扼要阐述。

矿井外因火灾处理的**基本原则**是:

■ 事故灾区应立即采取停电、撤人、警戒措施。

■ 立即组织现场人员实施直接灭火。

■ 迅速成立指挥部,尽快令第一救护队,赴灾区执行"三项任务"。

■ 贯彻先救人后灭火或灭救并举原则。

■ 要始终注意灾情变化,采取先控后灭和防变原则。

■ 实施灾变应变原则,必要时应急处理。

五、处理要点

■ 顶板事故处理要点(见教案十一)

■ 瓦斯爆炸事故处理要点(见教案五)

■ 水害事故处理要点(见教案九)

■ 火灾事故处理要点(见教案十)

六、事故案例

案例:国外某煤矿,采煤工作面进风巷发生外因火灾事故(见下图)。

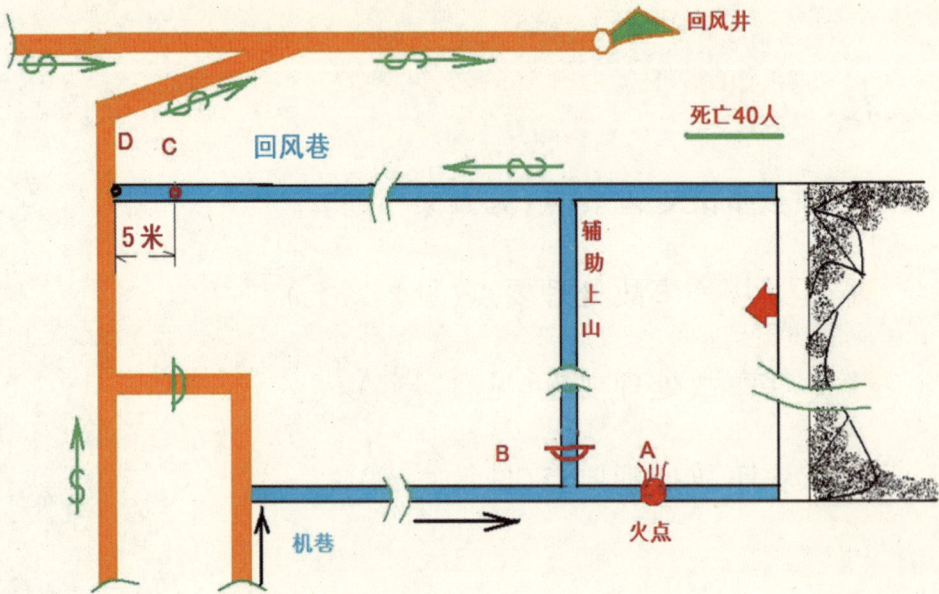

国外某矿火灾事故示意图

该采面当班出勤 40 人，当机巷 A 点**突发外因火灾**后，班长立即把灾情向矿调度汇报。

矿长当即决策下达两项命令：

（1）令班长率采面人员佩戴自救器(过滤式)沿回风巷撤出灾区。

（2）令第一救护队在火点进风侧设风帘控风。

结果 40 人全部牺牲在回风巷，最前面的人已到达 C 点，而 DC 间距离只有 5 米。

分析讨论：

■ 矿长指挥失误在哪里？

■ 如何正确决策指挥？

该矿长的两条决策命令都是错误的，因为他违反了矿井外因火灾处理的基本原则。

其主要表现在：

■ 该矿长只命令撤人，而没有安排停电、警戒。

■ 撤人，犯了路线错误。

■ 控风方法不妥。

■ 违反了先救人后灭火的原则等。

正确的决策指挥是：

应立即启动《事故应急预案》，组织"预案抢救"。

1. 在采面撤人的同时，应令回风系统、相关区域均要停电、撤人、警戒。

2. 应令采煤工作面人员从辅助上山"最佳路线"向下撤出灾区。

3. 指挥部成立后，制订处理方案，实施"方案抢救"。应令第一救护队赴灾区执行三项任务，而不是设风帘。

4. 应令现场人员打开 B 风门，实施风流短路。既可早期控制火势，又可为撤退人员供给新风。同时要注意监控瓦斯的动态，严防灾变。

5. 应令现场人员从进风侧直接灭火，其灭火方法视火灾性质而定。

6. 令第二救护队带必要的装备、器材尽快赴灾区实施灭火。

若按上述方案实施，不但绝大部分人员可以脱险，而且火灾也会在早期得到有效控制。

教案 5

矿井瓦斯防治

矿井瓦斯防治

瓦斯是煤矿五大自然灾害中危害最大的一种灾害,因而又称之为"灾害之王"。从某种意义上说,瓦斯不治理好,矿井就一天也不得安宁;一旦发生事故,将会导致惨重的后果。例如:

从国际上看——

1992年土耳其某煤矿发生瓦斯爆炸事故,死亡270人。

2000年、2002年、2007年,乌克兰三煤矿相继发生瓦斯爆炸事故,分别死亡80人、50人、106人。

2005年、2007年,俄罗斯两煤矿各发生一起瓦斯爆炸事故,分别死亡60人、110人。

2006年,美国煤矿发生瓦斯爆炸事故,死亡12人。

从远的时间看——全国煤矿20世纪80年代发生≥10人/次的瓦斯爆炸事故,平均为:29次/年,死亡425.7人/年,16天一次;而到90年代,攀升为平均:53.2次/年,死亡894.7人/年,7天一次,其年平均死亡人数和发生次数频率分别为80年代的2.1倍和1.8倍以上。

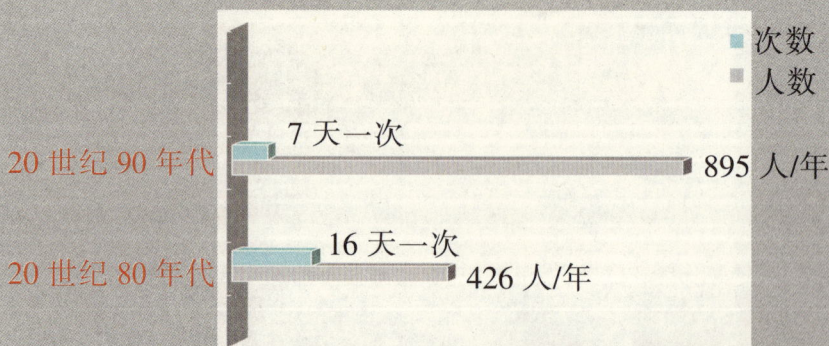

次数
人数

20世纪90年代　7天一次　895人/年

20世纪80年代　16天一次　426人/年

从新中国成立到 2007 年, 全国煤矿共发生一次死亡百人以上矿难事故 23 起, 其中爆炸事故 21 起, 占 91%。

矿难事故分布

其他

瓦斯爆炸矿难
占 91%

■ 瓦斯矿难事故
■ 其他矿难事故

从近期看——1991~2000 年的十年间：1991 年全国煤炭行业, 因瓦斯灾害, 造成一次死亡 3 人以上较大事故的死亡人数累计为 1 364 人；国家经十年投入, 十年治理, 到 2000 年死于瓦斯灾害的人数, 竟攀升到 2 662 人, 增加近一倍, 形势十分严峻。

较大瓦斯事故伤亡图

2 662人

1 364人

3 000
2 500
2 000
1 500
1 000
500
0

1991年   2000年

从现状看——仍不容乐观。

2004 年两处国有煤矿相继发生瓦斯爆炸事故，分别死亡 148 人、166 人。

2005 年，三处国有煤矿相继发生瓦斯(煤尘)爆炸事故，分别死亡 214 人、171 人、108 人。

2007 年山西地方煤矿发生瓦斯爆炸事故，死亡 105 人。

当前全国煤矿瓦斯爆炸事故，虽然有较大幅度的下降，但仍没有得到有效控制，安全形势依然严峻。由此可见，我国的瓦斯防治工作，任重道远。

为了降伏瓦斯这一"灾害之王"，以下就矿井瓦斯防治的相关问题进行讲解：

◆ 矿井瓦斯防治任务

◆ 矿井瓦斯防治方针与体系

◆ 矿井瓦斯防治措施

◆ 瓦斯煤尘爆炸

一、矿井瓦斯防治任务

1. 瓦斯的含义

瓦斯(CH_4)又叫沼气,其化学名称叫甲烷,人们常说的瓦斯有广义和狭义之分:

狭义——专指甲烷。如《煤矿安全规程》中规定的瓦斯浓度指标、甲烷传感器、便携仪、断电仪显示的数据等,是狭义的。

广义——系指以甲烷为主的有毒有害"混合气体"(一氧化碳、二氧化碳、硫化氢)的总称。如盲巷里面的瓦斯,则是广义之称。

2. 瓦斯的性质

瓦斯是一种无色、无臭、无味、无毒、比空气轻的气体,易于在巷道顶部和冒高处积聚。

3. 矿井瓦斯等级的划分

《煤矿安全规程》根据矿井相对瓦斯涌出量($q_相$)、矿井绝对瓦斯涌出量($q_绝$)和瓦斯涌出形式三项指标,把瓦斯矿井划分为三个等级:

低瓦斯矿井——$q_相 \leqslant 10$ 立方米/吨,且 $q_绝 \leqslant 40$ 立方米/分。

高瓦斯矿井——$q_相 > 10$ 立方米/吨,或 $q_绝 > 40$ 立方米/分。

煤与瓦斯突出矿井——具有煤(岩)与瓦斯突出危险性矿井。

矿井瓦斯等级越高,防治难度就越大,对矿井安全生产威胁也就越大。

4. 瓦斯的危害

瓦斯的危害主要体现在两个方面:

一是,轻者影响生产。如:超限积聚要停头、停面处理,成为制约生产的主要因素之一。

二是,重者危害职工健康、威胁矿井安全。如:

■ 当瓦斯浓度大于 8% 时——能使人因缺氧昏倒或窒息。

■ 当瓦斯浓度达 5%~16%——遇火会发生爆炸。

■ 当瓦斯浓度小于 5% 或大于 16% 与氧气接触时——遇火能燃烧。

■ 在一定条件下——会发生突出事故。

5. 防治任务

瓦斯有如此大的危害,我们应如何防范呢?其主要防治任务可概括为四项防止、一个控制、一个杜绝。即:

- 防止瓦斯积聚超限影响生产。
- 防止瓦斯熏人造成人身伤害事故。
- 防止瓦斯燃烧、爆炸事故发生。
- 防止煤与瓦斯突出事故发生。

——控制一切引燃、引爆火源。

——杜绝较大、重大、特大瓦斯事故发生。

为了完成这一任务,煤炭行业提出了矿井瓦斯防治的方针。

二、矿井瓦斯防治方针与体系

2002 年的铁法会议,提出了矿井瓦斯防治必须坚持"先抽后采,监测监控,以风定产"的"十二字"方针。这一方针,使我国的瓦斯防治工作,在指导思想、防治方法、监控手段、生产方式等方面实现了重大转变。

——指导思想上:从传统的边抽边采经验型,实现向先抽后采的科学化转变。

——防治方法上:从过去以风排、治表为主,向实现以抽排治本为主、表本兼治的综合防治方法转变。

——生产方式上:从过去传统的"红灯停、绿灯行"间断冒险的生产方式,向实现以风定产,消除超限,连续、安全的生产方式转化。

——监测手段上:从过去专人、定次检查,向人机结合 24 小时不间断的遥测监控转化。

"十二字"方针，是我国对瓦斯防治规律的科学总结。

先抽后采——是从源头上消除瓦斯危害。

监测监控——是防止瓦斯事故的保障措施，做到早发现、早控制、早解决。

以风定产——是从根本上消除瓦斯积聚超限。

所以"十二字"方针是矿井瓦斯防治的治本之策和关键之举，每个生产矿井都要落实到位。

我国瓦斯防治体系

2008 年全国煤矿在沈阳召开的瓦斯防治现场会议上，提出了我国瓦斯综合防治"十六字"工作体系是：

通风可靠、抽采达标、

监控有效、管理到位。

它对巩固煤矿瓦斯攻坚战成果，进一步提高瓦斯治理水平，有效防范和遏制重特大瓦斯事故，实现煤矿安全生产形势继续好转，将会起到积极作用。

通风可靠——系指建立系统合理、设施完好、风量充足、风流稳定的通风系统。

抽采达标——系指多措并举、应抽尽抽、应保尽保、抽采平衡的技术措施。

监控有效——系指建立装备齐全、数据准确、断电可靠、处置迅速的监控系统。

管理到位——系指构建责任明确、制度完善、执行有力、监督严格的管理机制。

三、矿井瓦斯防治措施

当前我国在瓦斯防治方面，还没有突破性的新技术；中国科技大学提出采用"生物方法防治瓦斯"这一世界领先新技术，目前还处于试验研究阶段。

为了完成瓦斯防治任务，落实"十二字"方针，有效控制瓦斯事故，现阶段瓦斯防治：

一是，坚持"两同时一超前"制度，即：瓦斯防治工程与采掘工程，必须同时设计、超前施工、同时投入使用。

二是，落实一些常规瓦斯防治措施。

主要有：

1. 矿井要建立健全正规、完善、科学合理的通风系统

对矿井通风系统，要优化设计，使之正规完善，其科学合理性主要表现在：

- 安全性
- 可靠性
- 稳定性
- 经济性
- 有效性等方面

严禁超通风能力生产。矿井通风系统详述(见教案七)。

2. 加强局部通风管理

局部通风是"一通三防"的关键性工作，据统计，全国国有重点煤矿，1949~1995 年间，发生的 ≥3 人/次的瓦斯煤尘爆炸事故中，掘进工作面发生起数和死亡人数，均居第一位。加强局部通风管理，应注意以下三点：

一是，掘进工作面瓦斯管理的重点在迎头。

二是，风筒口到迎头的距离，要在作业规程中明确规定，确保工作面有足够风量。

三是，在迎头增设一台便携仪(详见教案七)。

3. 健全矿井安全监控系统

监控系统功能要齐全,配备件要确保,有专人加强维护,确保正常运行,做到问题早发现、早控制、早处理。

4. 加强采煤工作面瓦斯管理

(1) 必须建立独立通风系统

采煤工作面应实行独立通风,串联通风次数不得超过一次。突出煤层严禁串联通风。对不能实行独立通风的非正规采煤方法,必须报企业主要负责人审批。

(2) 完善监测系统

① 低瓦斯矿采煤工作面——设甲烷传感器

② 高瓦斯双突采煤工作面——$\left\{\begin{array}{l}\text{采面、回风巷设}\\\text{甲烷传感器}\\\text{上隅角设便携仪}\end{array}\right\}$ $\left.\begin{array}{l}\\\\\\\end{array}\right\}$监

控、报警、断电

（3）严格执行《煤矿安全规程》相关规定

① 采、掘工作面风流中：

当甲烷浓度达 1%时，应 { 停止电钻打眼。

附近 20 米范围内，不准爆破。

当甲烷浓度达1.5%时，应 { 停工、撤人、断电、汇报、处理。

附近 20 米范围内，电机、

开关断电。

当二氧化碳浓度达 1.5%时——应停工、撤人、断电、查明原因、制定措施、进行处理。

② 采、掘工作面回风流中：

当甲烷浓度>1%

当二氧化碳浓度>1.5% } 停工、撤人、断电、制定措施、进行处理。

③ 局部积聚——系指在采掘工作面风流以外和巷道内，体积>0.5 立方米，甲烷浓度≥2%的现象，称之"局部积聚"。

——附近 20 米范围内必须停工、撤人、断电、处理。

1954 年内蒙某煤矿，因多处瓦斯积聚没有处理，爆破时引起瓦斯、煤尘爆炸，死亡 104 人。

（4）采掘工作面要严格执行"八不准"生产的规定

① 通风系统不合理的；

② 通风能力不够的；

③ 瓦斯处于临界或超限状态的；

④ 煤巷、半煤巷掘进工作面未安设"三专两闭锁"装置的；

⑤ 瓦斯涌出量超标（采面>5 立方米/分，掘面>3 立方米/分）未抽排的；

⑥ 高瓦斯和双突面未安设自动监测、报警、断电装置的；

⑦ 洒水灭尘系统不完善的；

⑧ 煤层自然发火倾向未得到有效控制的。

均不得生产。

（5）上隅角瓦斯处理

上隅角瓦斯处理，是采煤工作面瓦斯管理的重点，又是瓦斯防治的难点。

上隅角系指采煤工作面的放顶线和回风巷的上帮及顶板的"交面处"（见下图）。

上隅角的瓦斯，应按采煤工作面风流管理。

采煤工作面上隅角瓦斯防治，有多种常规措施，应首选高位钻孔和上隅角以里埋管综合抽排措施，十分有效。

上隅角以里瓦斯抽排方案大体有以下三种：

■ 回风巷"顶板巷帮钻场"+仰角"高位钻孔"。

■ 回风巷"顶板高位钻场"+平仰角、小仰角"高位钻孔"。

■ "高位巷道"+平仰角、小仰角"高位钻孔"等。

上述方式各有利弊，各矿井应根据矿山压力、顶板岩性、煤层与瓦斯赋存条件、采煤方法、巷道布置和技术装备水平等实际情况，优化选用。

1979 年，淮南谢二矿，13 槽顶分层采面长 95 米，采高 2 米，炮采，配 1 000 立方米/分风量，回风巷"飞沙走石"，瓦斯天天超限，被迫制定了安全措施，呈报矿务局审定后，回风流瓦斯放宽到 1.5%管理，仍频频超限。该采面平均日产不到 350 吨。

由于接替紧张，下一阶段采面加长到 185 米，采取了高位巷道、高位钻孔、本煤层钻孔综合抽放措施后，只配 800 立方米/分风量，平均月产大于 2.5 万吨，上隅角及回风中瓦斯均未超限，实现了安全生产(见下图)。

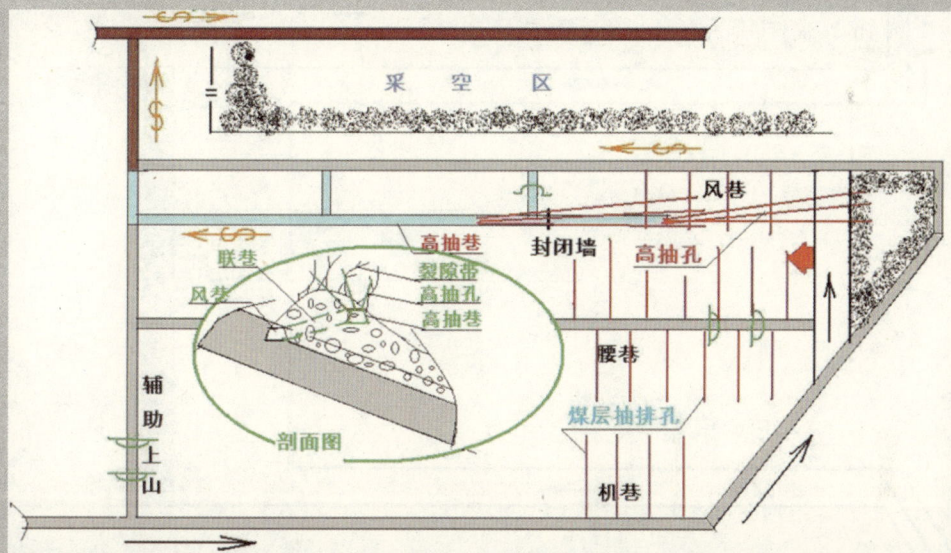

淮南谢二矿瓦斯高抽巷布置示意图——采面

对那些上隅角瓦斯处理难度不太大的采煤工作面，可以采取其他常规措施处理，如：

① 加强机、风巷维护，保持足够的通风断面。

② 回柱、移架时上隅角要收齐，严禁滞后。

③ 上隅角增设一个 T_0 探头监测。T_0 探头的位置，应挂在上隅角距回风巷上帮、顶板、放顶线的距离均不超过 300 毫米处。

安徽几大矿业集团都采取了这一措施，对问题早发现、早控制、早处理，收到了良好的安全效果。

采煤工作面探头布置示意图

10~15米　　　　　　　　　　　　　10米　　上隅角

T₂　　　　　　　　　　　　　T₁　　　　T₀

回风巷

采面

机巷

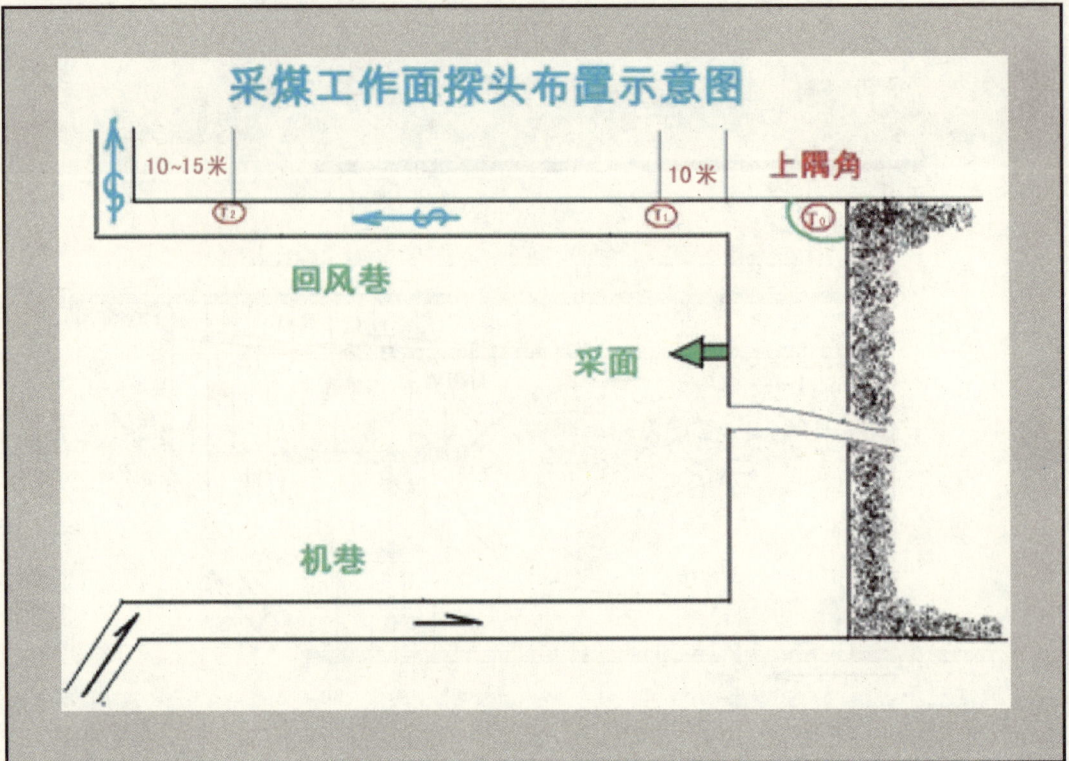

④ 挂风障和埋管处理。

⑤ 若因风量小,可适当增加风量。

⑥ 若因通风系统已满负荷,不能加风,就减产,实行以风定产。

⑦ 其他有效措施,如:开采保护层,区域性抽放,地面压裂法抽放,加大本煤层抽放力度等。

1990 年贵州某矿,采面上隅角瓦斯爆炸,死亡 17 人。

1997 年安徽某矿采煤工作面上隅角瓦斯爆炸,死亡 45 人。

(6) 采面悬顶处理

对稳定顶板采煤工作面,老塘经常会出现大面积悬顶。大面积悬顶不但有个顶板安全问题,更重要的是会形成"瓦斯库"。若冒落遇砂岩撞击火花,或冒落顶板把瓦斯库的瓦斯压冲到工作面,一旦遇电器失爆或爆破明火都会形成爆炸,导致严重恶果。

1989 年辽宁某矿采面悬顶冒落,爆破引爆瓦斯,死亡 13 人。

1990 年内蒙某矿,采面悬顶冒落,爆破引爆了瓦斯,死亡 16 人。

1995 年某矿,采煤工作面上部初次来压,爆破引爆瓦斯,死亡 76 人,伤 49 人(见下图)。

1996 年某矿,采面上隅角强制放顶,引爆瓦斯,死亡 16 人。

2005 年某矿,采空区瓦斯爆炸,死亡 34 人。

因此要求对采面的悬顶,应实施人工强制放顶,迫使其悬顶面积不致过大。在实施强制放顶时,一定要严格执行"一炮三检"。

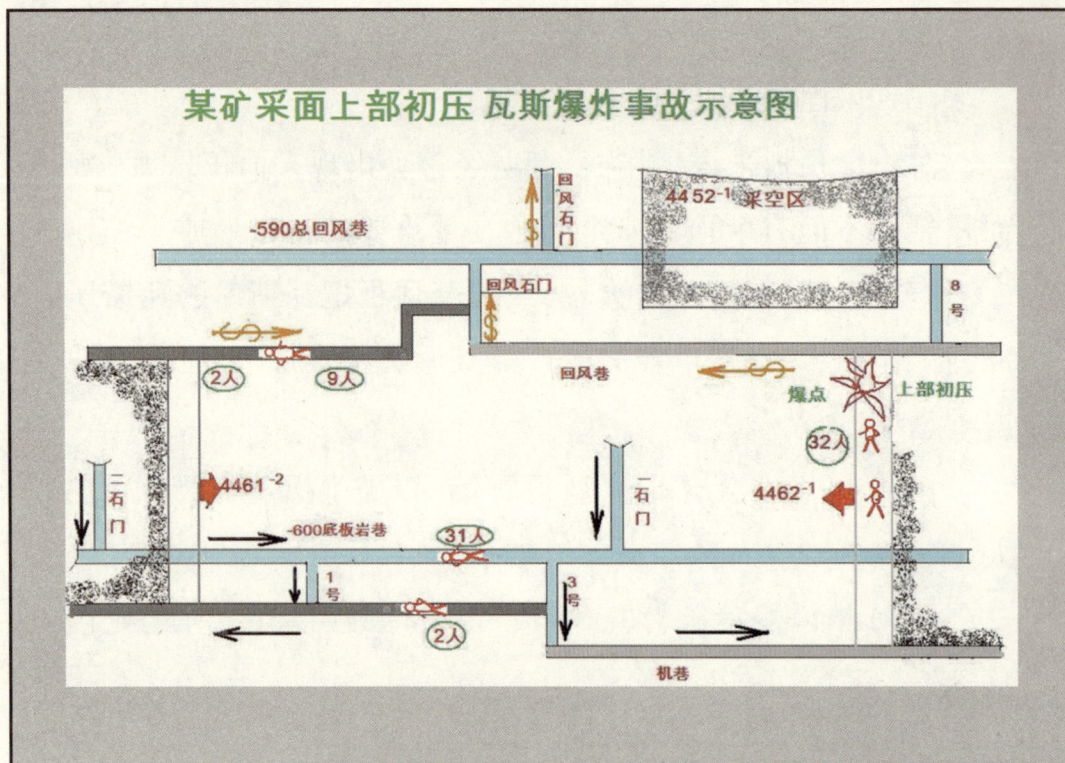

某矿采面上部初压 瓦斯爆炸事故示意图

（7）关于采煤工作面链板机底溜槽内的瓦斯处理问题

建议采取两条措施：

一是加大抽放力度。

二是选用"封底"溜槽的链板机。

（8）采煤工作面"专用瓦斯排放巷"设置问题

在满足瓦斯涌出量、巷道断面、抽放率、风量配给、风速等五项限制条件时，报企业主要负责人审批后，方准设置；其排放巷内瓦斯浓度不得大于 2.5%。

5. 严格执行瓦斯检查制度

（1）下列人员下井应配备便携仪

矿长、技术人员、安监人员、爆破工、流动电钳工、采、掘、通的区队长和班长等。

瓦斯检查要覆盖井下所有采掘工作面（包括备用面）、机电硐室、作业地点和其他规定必须检查的地点，不得空班漏检。

（2）检查次数

低瓦斯矿井不得小于 2 次/班，高瓦斯矿井不得小于 3 次/班，突出头、面安排专人检查。

（3）认真填报

测气人员要认真填写现场牌板和手册，并向通风区和矿调度室汇报。

（4）对瓦斯日报的审处

矿长、总工程师和有关人员对日报中处于临界或超限的地点要提出明确的处理意见，不可签字了事。

6. 严格执行瓦斯排放规定

瓦斯排放必须坚持执行"五大要点"、"一个严禁"，即：措施、停电、撤人、警戒、限量；严禁"一风吹"。

2007 年某国有重点矿井，测气员违章"一风吹"排放盲巷瓦斯，混合气体窒息 2 人。

2005 年某矿对违章排放瓦斯造成的未遂事故严肃查处的做法值得借鉴（处理了 11 个责任人）。

7. 瓦斯抽放

为了落实瓦斯防治"十二字"方针,各矿要在"抽"字上狠下工夫。凡矿井 $q_{绝}$≥40 立方米/分、采面 $q_{绝}$≥5 立方米/分、掘面 $q_{绝}$≥3 立方米/分、突出煤层开采,必须按《煤矿瓦斯抽采基本指标》规定建立瓦斯抽放系统。

如何提高"难抽煤层"的瓦斯抽放率,是矿井瓦斯防治的难点之一。

对煤层透气性较差的矿井,要按"大直径、多钻孔、长深度、严密封、高负压、长时间、好效果"的二十一字指导原则,落实抽放工作。

采空区抽放应适当控制负压,防止自然发火。

还可采取"O形圈"、"水封爆破"、"深孔爆破"等方法进一步提高抽放率,从源头上消除瓦斯危害,以达到不突、不燃、不爆、不超的治理目的。

凡抽出瓦斯加以利用的,其浓度不得小于30%;若不利用,采用干式抽放瓦斯设备时,其浓度不得小于25%。

8. 加强盲巷管理

长度超过6米、不通风的"独头巷道"称之为盲巷。盲巷管理是矿井瓦斯管理的重要工作。

某矿业集团自1981~2007年间，发生盲巷瓦斯熏人事故多达9起，死亡10人；其中某矿发生3起，死亡3人，占30%。

由此可见加强盲巷管理的重要性。加强盲巷管理，主要是做好两个方面的工作。

一是加强对职工的安全教育，提高其综合素质，规范其行为，做好自主保安。

二是通风安全部门加强盲巷监管。

（1）对临时停工巷道——要断电、打栅栏、挂警标。

（2）长期不用巷道——要设永久性封闭。

（3）对采空区和报废巷道——要实施永久性封闭。

（4）健全检查制度——通风安全部门，要对临时和永久性封闭经常进行专题检查，建档管理，发现问题及时处理。

（5）盲巷启封——要按《煤矿安全规程》规定进行。

9. 消灭引爆火源

严格执行各项规章制度和"三大规程",消灭一切引燃、引爆火源。

例如,电气管理制度,火工品管理制度,井口管理制度,井下烧焊审批制度,高温点管理制度等。

10. 煤与瓦斯突出防治

开采突出煤层时,必须采取"四位一体"的综合防突措施:

- 突出危险性预测
- 制定防突措施
- 进行效果检验
- 实施安全防护等

要在认识上、方法上、技术上、组织上、装备上、投入上、管理上多下工夫(详见教案六)。

四、瓦斯煤尘爆炸

1. 瓦斯爆炸条件

瓦斯爆炸必须同时具备三个条件：

（1）瓦斯浓度达到了 5%~16% 的爆炸界限。

（2）有 ≥650 ℃ 的引爆火源。

（3）空气中有 ≥12% 的含氧量。

上述三个条件同时具备时，必爆无疑，缺一条则不会爆炸。

2. 瓦斯爆炸强度

瓦斯爆炸强度与参与爆炸的瓦斯量和瓦斯浓度两个因素有关：参与爆炸的瓦斯量越大，瓦斯爆炸强度就越大；当瓦斯浓度达到 9.5% 时，其瓦斯爆炸强度最大。

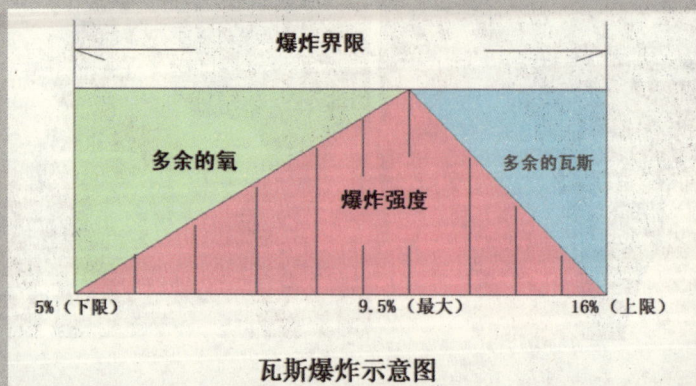

瓦斯爆炸示意图

3. 影响瓦斯爆炸的因素

当空气中混入具有爆炸性的煤尘时，瓦斯爆炸下限将会降低。随着煤尘混入量的增加，将会形成瓦斯煤尘混合爆炸。

当混入煤尘量大到一定程度时，就会导致从量变到质变的煤尘爆炸事故。

4. 引爆火源

（1）引爆火源的下限是 650 ℃。

（2）常见的引爆火源温度，实验室测定为：

吸烟为 650~800 ℃；划火柴为 1 200 ℃；爆破明火和电气火源均大于 2 000 ℃。

5. 瓦斯爆炸"感应期"

火源温度为 650 ℃ 时，感应期为 11 秒；

火源为 1 200 ℃ 时，感应期为 0.2 秒；

火源大于 2 000 ℃ 时，感应期为千分之几秒。

6. 引爆几率

长期的生产实践和事故统计共同表明，按主要引爆火源的引爆几率，依次为：

■ 电气明火占 50% 以上，居第一位。

■ 爆破引爆约占 25%~37%，居第二位。

■ 其他火源引爆居第三位，其中吸烟引爆约占 4.6%。

1950 年某矿，吸烟引发瓦斯爆炸，死亡 187 人，其中：四具尸体的衣兜内均装有火柴、纸烟。

引爆几率示意图

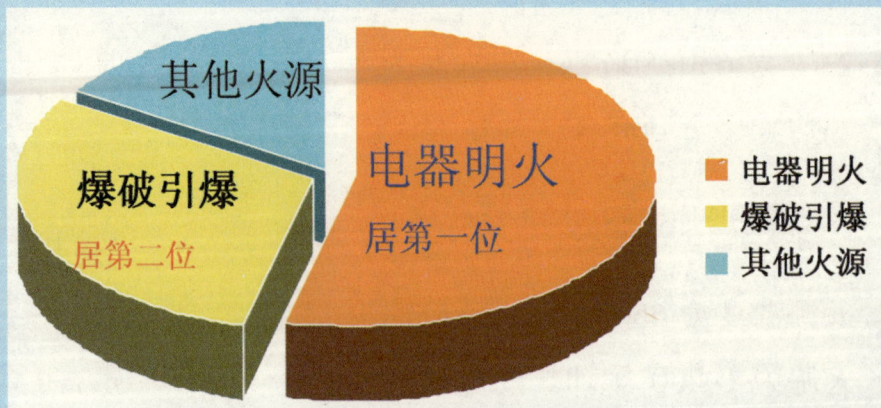

电器明火
爆破引爆
其他火源

7. 瓦斯爆炸类型

按爆炸特点、波及范围和破坏程度,瓦斯爆炸的类型大体可分为三大类:

- 局部爆炸
- 大型爆炸
- 连续爆炸

局部爆炸——系指瓦斯积聚量小,爆炸波及范围小,破坏程度小,处理难度相对也小的小型爆炸。一般发生在局部通风不良的掘进工作面。如:

1995 年某矿,掘进工作面的瓦斯爆炸死亡 7 人的事故,就属于局部爆炸。

大型爆炸——系指参与爆炸的瓦斯量大,爆炸威力大,伤亡惨重,处理难度也较大的爆炸。一般发生在采煤工作面(上隅角,采空区有"瓦斯库"),或停风时间较长的掘进工作面,或盲巷的瓦斯参与爆炸。如:

2000 年贵州某矿,瓦斯爆炸死亡 162 人,属大型爆炸。

连续爆炸——系指第一次爆炸发生后,现场留有火患,在处理事故的过程中,又发生第二次、第三次等多次爆炸。

1997 年,某矿务局两个矿的采煤工作面瓦斯爆炸后,均留下了火患,在处理过程中,都发生数十次连续爆炸,致使事故无法处理,被迫强行封闭。

8. 煤尘爆炸

（1）煤尘爆炸危害

煤尘爆炸危害更大。

一是爆炸瞬间可产生高达 2 400 ℃左右的高温。

二是爆炸同时又产生高达 2%~10%的一氧化碳，导致大量人员死亡。如：

1906 年，法国的古里尔煤矿发生煤尘爆炸事故，死亡 1 099 人。

1963 年，日本的三池煤矿发生煤尘爆炸事故，死亡 458 人。

1940 年，河北某矿发生煤尘爆炸事故，死亡 341 人。

1942 年，辽宁某矿发生煤尘爆炸事故，死亡 1 549 人。

1960 年，山西某矿发生煤尘爆炸事故，死亡 684 人。

1970~1980 年之间的十年间，全国煤矿共发生煤尘爆炸事故 172 起，死亡 2 217 人。

2005 年，某矿发生煤尘爆炸事故，死亡 171 人。

（2）**煤尘爆炸条件**

煤尘爆炸与瓦斯爆炸类似,也是三个条件同时具备,必爆无疑,缺一条则不会爆炸。

① 煤尘本身具有爆炸性,且空气中浮尘浓度达到 45~2 000 克/立方米 的爆炸界限。

② 有 ≥610 ℃的引爆火源。

③ 空气中有 ≥18% 的含氧量。

应当注意,煤的挥发分越高,煤尘的爆炸性就越强。积尘具备一定条件也会爆炸。因此,必须加强煤尘管理,减少乃至消除煤尘爆炸事故的发生。

（3）煤尘爆炸类型

按爆炸强度,煤尘爆炸可分为:弱爆炸、中强爆炸、强爆炸三大类。

（4）煤尘爆炸特点

① 巷道顶帮、支架、开关、管线上留有明显黏焦物。

弱爆炸——因火焰、冲击波速度慢,柱两侧都有结焦现象,但迎风侧较厚。

中强爆炸——结焦在迎风侧。

强爆炸——因冲击波速度极大,背风侧有结焦,迎风侧有火烧痕迹。

② 灾区一氧化碳浓度极高。

当一氧化碳浓度达 0.4% 时,很短时间内,就可使人中毒死亡。而煤尘爆炸后,可产生高达 2%~10% 的一氧化碳,因此导致灾区大量人员伤亡。

③ 爆炸瞬间,升温高达 2 400 ℃左右。

④ 连续爆炸间隔时间极短,耳、眼难辨。

⑤ 距爆炸点越远,破坏力越大。

1980 年,某矿采煤工作面发生煤尘爆炸,死亡 55 人;爆炸波及 4 862 米巷道,其中有 3 263 米严重破坏,占 67.4%,但发生爆炸的采煤工作面支架基本完好,梁柱背风侧结焦 5~13 毫米厚。

(5) 矿尘防治的主要技术

■ 减尘技术——煤层注水、湿式凿岩、潮料喷浆、水炮泥等。

■ 排尘技术——合理通风、风速、风量。

■ 湿式除尘——1、2、3 喷,净化通风,割煤移架喷雾。

■ 个人防护——口罩。

■ 其他技术,如物理、化学除尘等。

五、瓦斯煤尘爆炸事故处理要点

井下发生瓦斯或煤尘爆炸事故后,处理要点基本相同,除按有关程序汇报外,其要点是:

1. 指挥部应利用一切手段听取、了解以下情况

(1) 灾情——爆炸性质、爆炸点位置、波及范围等。

(2) 人员情况——

    ① 当班灾区出勤人数、分布情况。

    ② 伤亡人数、分布、倒向、伤情等。

    ③ 人员撤退情况,是否都接到撤退命令。

2. 对以下内容进行分析判断

(1) 爆炸类型。

(2) 是否会诱发火灾或发生连续爆炸。

(3) 通风系统破坏程度:

    ① 若机房水柱上升,说明灾区巷道已冒、堵,风阻增大;

    ② 若水柱降低,可能是控制风门被摧毁,风流短路,风阻减小;也可能是逃难人员过后未关风门;还可能是防爆盖被冲开。

(4) 分析灾情发展趋势,影响范围及可能出现的问题。

3. 提出处理方案

在对上述灾情分析判断的基础上,提出最佳处理方案,下达决策命令,组织事故抢救。

六、事故案例(见下图)

安徽某矿业集团国有重点矿井，设计能力 90 万吨/年，属高瓦斯矿井。

1995 年 6 月 10 日发生瓦斯爆炸事故,情况如下:

某矿"6.10"瓦斯爆炸示意图

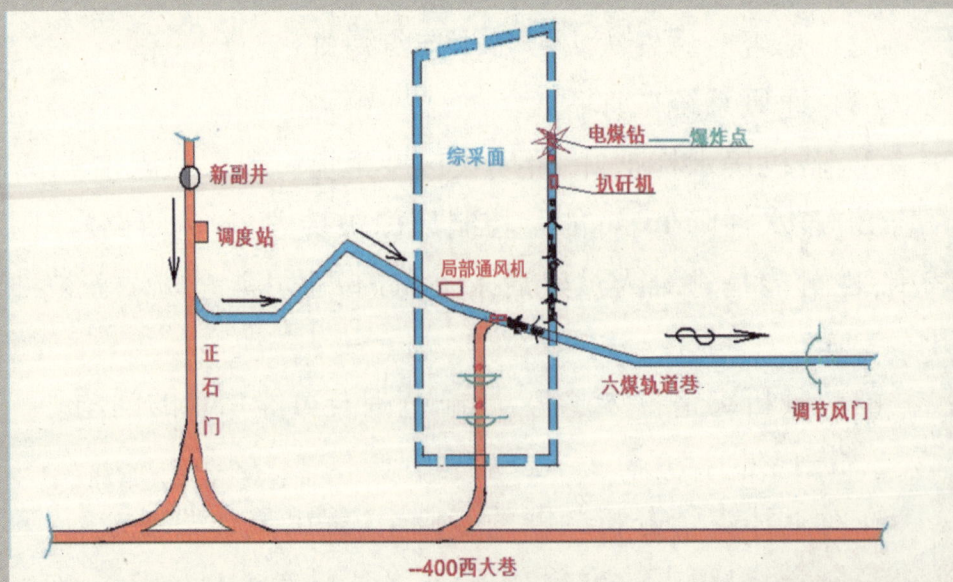

1. 事故概况

（1）事故时间——1995年6月10日16:00，称"6.10事故"。

（2）事故地点——Ⅱ622机巷掘进工作面。

（3）事故性质——瓦斯爆炸。

（4）伤亡情况——7人死亡，4人重伤。

（5）瓦斯情况——高瓦斯掘进工作面，配一名专职测气员。

（6）技术装备——锚喷支护、钻爆法施工，巷内有电钻、小绞车、扒矸机等设备，使用阻燃电缆、阻燃风筒、水胶炸药。

（7）安全装备——配有风电闭锁、瓦斯电闭锁、断电仪、电钻综保、隔爆水幕、灭尘系统等。

（8）处理时间——从爆炸到掘进工作面恢复正常通风，历时7小时。

2. 事故经过

因掘进工作面正处于褶曲带，瓦斯涌出量较大。由于局部通风机供电不可靠，发生掉电。局部通风机停风后，专职测气员检查瓦斯已超限，当即命令撤人。掘进跟班杨副区长率全班人员立即撤出了工作面。人员撤出后，燕测气员又及时向矿调度所汇报。

当燕汇报完还没有离开电话时，该矿安全监察处通防科杨科长率本科另两人组成"安全旬检查"小组赶到。杨科长说："小燕，你怎么在这里？跟我一道去你头检查。"燕回答："杨科长，那里今天不能进了，局部通风机掉电，瓦斯超限，人员已全部撤出，我才跟调度所汇报过。"杨科长理直气壮地说："瓦斯超限，不叫他们进，还能不叫我们进吗？ 走！"燕无奈随杨去掘进头。

当杨科长到局部通风机进风口处看见杨区长，又发号施令："杨区长，跟我去你掘进头旬检查。"杨区长明确拒绝："瓦斯已超限多时，今天不能查了。"杨科长第二次心血来潮："瓦斯超限怕什么？叫测气员走前面！"因旬检查的结果，都与被查单位的工资、奖金、"二步单价"挂钩，杨区长也无奈被迫跟进。

当检查小组还未到扒矸机时，杨科长第三次心血来潮："杨区长，你不要跟来啦！回去看可来电吗？来电就开局部通风机。"杨区长执行杨科长的违章指挥一丝不苟，转回。当人还未出掘进巷道就高声喊道："老马（当班局部通风机兼职管理员），看可来电吗？来电开局部通风机。"无巧不成书，杨区长的话刚落音，电来了，老马一开局部通风机，随即发生了爆炸。杨科长、杨区长、测气员等7人遇难。

瓦斯爆炸事故不是不可避免的，该矿瓦斯爆炸事故的教训极其沉痛，也给我们留下了许多思考。

3. 事故抢救（略）

4. 事故原因：

（1）供电系统不可靠，局部通风机掉电，使瓦斯积聚达到了爆炸界限。

（2）干部违章指挥、违章送电，电钻失爆引爆了瓦斯，是发生该起事故的直接原因。

（3）通风、安全、机电管理混乱，规章制度流于形式，导致电器设备失修、安全装备失效是发生此次爆炸的主要原因。

（4）职工缺乏安全培训，对干部的多次违章指挥熟视无睹，没有行使《煤矿安全规程》赋予职工的"三大权力"制止违章行为，也是发生这次事故的重要原因。

5. 预防瓦斯煤尘爆炸的主要措施

（1）落实瓦斯防治的"十二字"方针，从源头上消除瓦斯危害。

（2）加强安全装备，坚持"三个并重"，完善监测系统，提高抗灾能力。

（3）强化通风、瓦斯、煤尘管理，消除瓦斯积聚、超限。

（4）严格执行三大规程和各项规章制度，消灭一切引燃、引爆火源。

（5）加强安全培训，提高职工素质，使其自主行使"三大权力"，消除"三违"行为。

只要把上述措施落到实处，瓦斯煤尘爆炸事故是完全可以避免的。

教案 6

煤(岩)与瓦斯突出防治

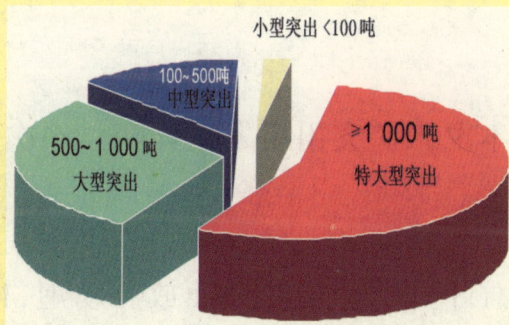

煤(岩)与瓦斯突出防治

煤(岩)与瓦斯突出(以下简称突出),是一种极其复杂的动力现象,是矿井"一通三防"的重大灾害之一,往往给矿井造成严重后果。

对突出的原因、机理和规律,到目前为止,人们还没有完全掌握,因而煤与瓦斯突出仍为目前制约煤炭工业发展的世界性难题之一。

如国外某矿,一次突出煤量达 1.5 万吨,其突出强度为世界之最。

1981 年日本夕张矿突出后发生灾变,一次死亡 93 人,导致矿井长期关闭。

四川某矿,石门揭煤时,在地面放震动炮,1 小时后,发生了滞后突出。

2006 年某基建矿井,地质资料提供属低瓦斯煤层,掘进时发生了突出。这些矿井发生突出的原因、机理,目前尚无法解释。

1960 年四川某矿突出煤量 1 000 吨以上，死亡 124 人。

1998 年辽宁某矿揭煤突出死亡 28 人，其中：矿井总工程师、掘进矿长、安全矿长、通风副总、掘进副总和一个救护小队 9 人等全部遇难。

2002 年安徽某矿溜煤道揭煤时发生"特大型突出"，突出煤量达 10 500 多吨，瞬间充填满近 700 米双岩巷，瓦斯逆流达 2 000 多米，导致 13 人死亡。

2004 年河南某高瓦斯煤矿，突出后发生爆炸，死亡 148 人。

2008 年 8 月某国有煤矿，在有资质单位进行区域性突出危险性测定后划定的"无突出危险区"采取防突掘进煤巷时，发生了小型突出等。

2007 年全国煤矿共发生一次死亡 3 人以上的较大突出事故 27 起，死亡 214 人。

据不完全统计，2008 年 1~10 月全国煤矿发生一次死亡 10 人以上的重特大突出事故 7 起，死亡 128 人，其起数和死亡人数均占全国煤矿重特大事故的 25%，双居第一；其中：河南某地方煤矿，在停产整顿期间，白天停工，夜间生产，发生突出死亡 37 人。

以上突出事故，绝大部分是地方煤矿。

由此可见，防突工作任重道远。

为了解决这一难题，多年来世界各国进行了坚持不懈的研究，取得了一些重要成果，如我国的"防突细则"等，对突出灾害的防治起到了积极的指导作用。

但我国是一个突出灾害严重的国家，全国突出矿井达200多处。据统计从新中国成立至2000年全国煤矿共发生突出1.4万多次，平均275次/年，占世界突出总次数的35%，居第一位。我国的防突工作任重道远。

以下就突出的相关问题讲几点意见：

◆ 突出类型
◆ 突出机理
◆ 突出规律
◆ 突出预兆
◆ 突出防治

一、突出类型

(一) 按突出形式分

分为倾出、压出、突出三大类。

(二) 按突出强度分

按每次突出的煤(岩)量分为四类：

小型突出：突出强度<100 吨；

中型突出：突出强度 100~500 吨；

大型突出：突出强度 500~1 000 吨；

特大型突出：突出强度≥1 000 吨。

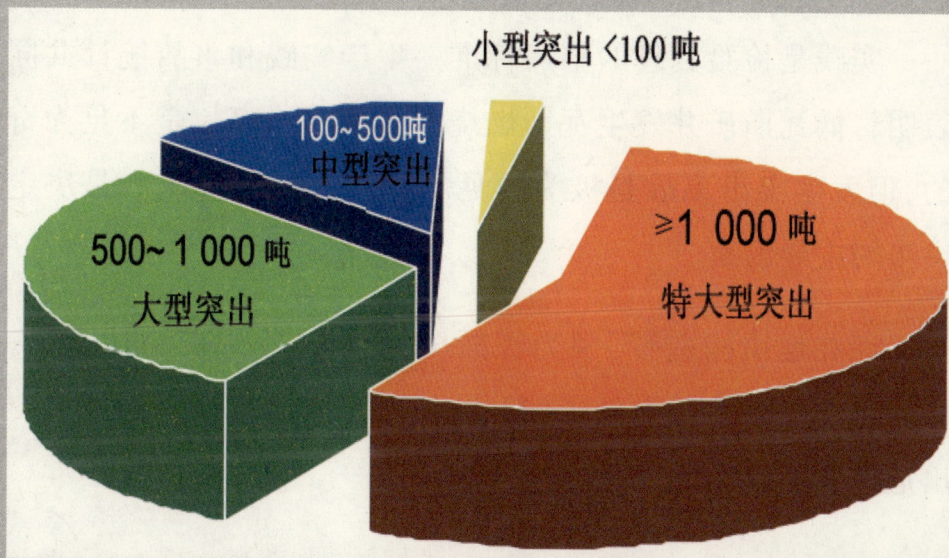

突出类型示意图

二、突出机理

虽然到目前为止,从理论上、认识上对突出的原因和机理我们还没有完全掌握,但绝大多数人认为,突出是由以下四大因素综合作用的结果所致:

- **地应力**
- **瓦斯压力**
- **煤的物理力学性质**
- **规程措施编审、执行**

鉴于我国目前的科技水平、装备手段和经济实力,有效改变煤的物理力学性质,充分卸掉地应力是较为困难的,但在上述四大因素中,瓦斯压力和规程措施是可控的,因此对突出原因和机理应统一以下四点认识:

(一) "瓦斯压力"是左右突出的"主导因素"

实践是检验真理的唯一标准。生产实践和事故统计共同表明,低瓦斯矿井发生瓦斯燃烧和瓦斯爆炸事故是不足为奇的,但发生突出事故是极为罕见的,所以说,瓦斯压力是决定突出的主导因素。

而在地质构造带,因为瓦斯压力变大了,地应力增高了,煤的物理力学性质变软了,起到了"火上加油"的作用,所以突出危险性相对增大了,更要严加防范。

（二）规程措施未落实、瓦斯压力未卸掉是发生突出的"根本原因"

虽然各矿区煤与瓦斯的赋存条件千差万别，突出的原因和机理也各不相同，但概括起来，集中到一点上都是因为防突设计或有关参数选择不合理，技术上不能有效指导防突工作，或者是虽然防突设计比较好，但贯彻落实不到位，瓦斯压力没卸掉，导致了突出的发生(见下图)。

换言之，没有卸不掉瓦斯压力的煤，只有设计不合理、施工不到位、卸压不充分的孔。

某矿"1.7"煤与瓦斯突出事故示意图

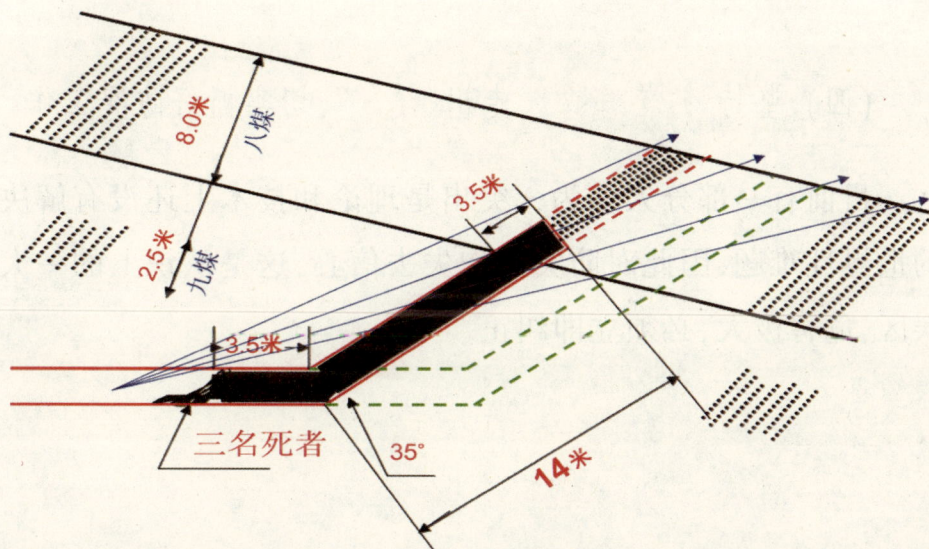

（三）绝大部分突出都有明显预兆和作业诱发因素

有关部门对全国 8 480 次突出案例分析发现，绝大部分突出都有明显预兆，无预兆、无人作业发生的突出极少。据统计，爆破诱发的突出占 65%，风镐、手镐作业占 21%。这说明突出是可知、可防、可控的。

（四）坚持"防突理念"，走出"误区"，切实抓好防突工作

目前有一部分人认为，突出是理论和技术上还没有解决的世界性难题，因此对防突工作失去信心，这是认识上的一大误区，危害极大，必须立即纠正。

应坚持以下"防突理念"：

◆ 煤与瓦斯的突出是可知、可防、可控的，"超出常规的异常性突出"为极少数。

◆ 没有卸不掉压的煤，只有设计不合理、施工不到位、卸压不充分的孔。

◆ 只要优化设计、科学施工、精细化管理、强化抽排、充分卸压，切实落实"四位一体"的综合防突措施，煤与瓦斯突出事故是可以避免的。事在人为，人定胜天。

因此，我们应走出误区，加强探索，结合局情、矿情去把握本单位煤与瓦斯突出的预兆、原因、机理与规律，认真做好防突工作。

三、突出规律

生产实践表明，在突出危险程度不同的区域，不同的开采和作业方式，其突出规律也有所不同。

各突出矿井应在生产实践中去不断探索和掌握本矿的突出规律。

概括起来说煤（岩）与瓦斯突出遵循以下**基本规律**：

■ 突出危险性随**瓦斯压力**增大而增大。

■ 同比条件下，突出频率随**开采深度**增大而增加。

■ **地质构造带**，是突出的"多发地段"。

■ **掘进工作面**比采煤工作面**突出概率高**。

■ 突出几率与开采技术**密切相关**。

■ 绝大多数的突出都**有预兆**。

（一）突出危险性随**瓦斯压力**增大而增大

在导致煤（岩）与瓦斯突出的诸多因素中，瓦斯压力是主导因素。

在低瓦斯矿井中，因瓦斯压力远远小于突出"**临界值**"，所以一般不会发生突出。

（二）同比条件下，突出频率随开采深度增大而增加

淮北矿业集团公司芦岭煤矿，建矿至 2008 年共发生突出 18 次，始突深度为 -295 米，-300 米以上只突出一次，而 -300 米~-400 米突出 14 次。

芦岭矿现在开采深度更深了（现生产水平为 -590 米，已延深到 -700 米）、瓦斯压力更大了（已近 5 兆帕）、突出的危险性更大了、灾害成度更严重了，为什么 6 年多一次不突了？主要是条件不同了，防治力度加大了。

芦岭矿主要是落实了"防突理念"，尤其是采取了优化设计、科学施工、精细化管理、充分卸掉压等"四位一体"的综合防突措施；所以该矿自 2002 年 "4.7 突出" 事故后，至今已近 7 年没有发生一次突出事故，这再次表明煤与瓦斯的突出，是可防、可控的，事在人为、人定胜天的道理。

（三）地质构造带，是突出"多发地段"

因地质构造带瓦斯压力、地应力和煤的物理力学性质都发生了显著变化，所以突出危险相对增大。

某矿业集团甲突出矿井，建矿至 2007 年共发生 8 次突出，其中 7 次在构造带，占 88%；乙突出矿井共 18 次突出，有 13 次在构造带发生，占 72%。

北票局 1951~1974 年间，共发生突出 951 次，其中在构造带突出 474 次，占 79%。

这一规律揭示了构造带是突出的"多发地段"，必须严加防范。

构造带是突出"多发地段"示意图

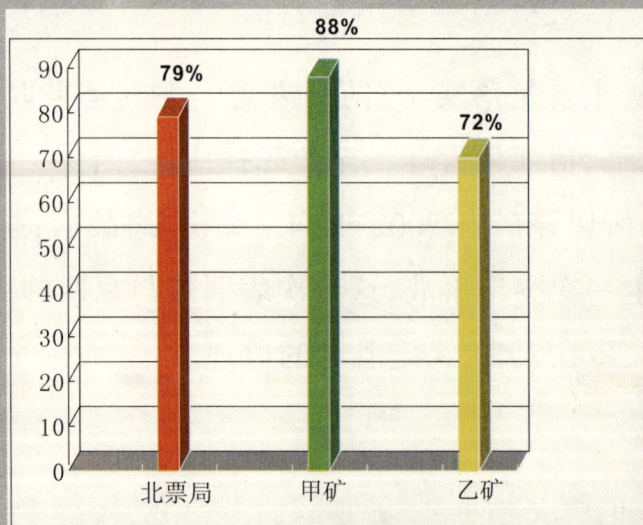

(四) 掘进工作面比采煤工作面突出概率高

1951~1981 年间,在全国发生 9 845 次突出案例中,掘进工作面突出就高达 8 049 次,占 82%。

全国煤矿 2007 年度发生一次死亡 3 人及 3 人以上的较大突出事故 27 起,死亡 208 人;其中掘进工作面发生起数占 89%。

新中国成立以来到 2007 年间,安徽煤矿发生有人员伤亡的突出事故共 14 起,死亡 96 人,全部发生在掘进工作面。

淮北矿务局自建局到 2007 年共发生突出 30 次,也全部在掘进工作面。

皖北局自建局到 2007 年发生突出数次,也全部在掘进工作面。

淮北地方煤矿发生突出数次,也全部在掘进工作面。

这一规律说明了掘进工作面是防突工作的重点。

掘进工作面突出几率示意图

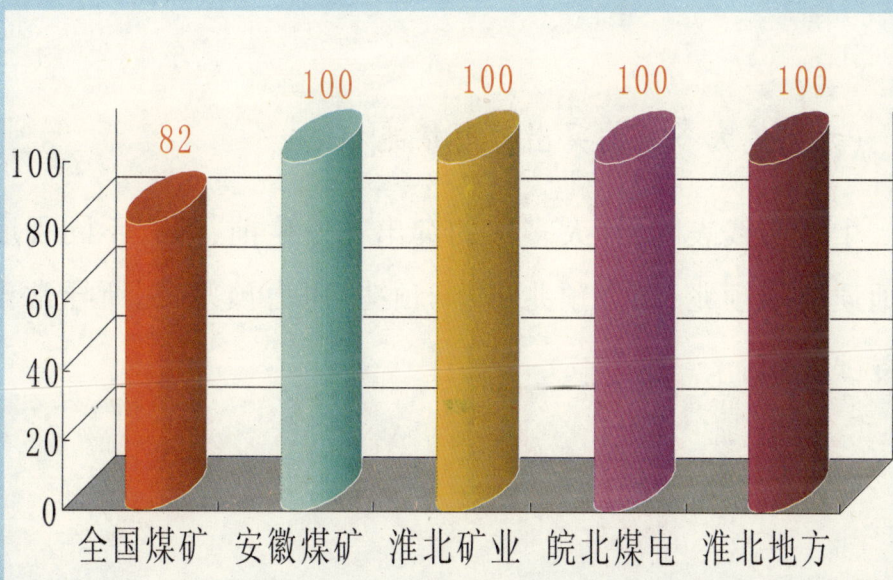

（五）突出几率与开采技术密切相关

开采程序、生产布局、石门定位、防突措施、施工管理等均与突出密切相关。

如：开采保护层可有效防止突出；施工管理中防突措施落实不到位，易发生突出。

石门揭煤突出概率高，某矿的18次突出全部是在揭煤过程中发生的。

这一规律显示了石门揭煤是防突工作关键中的关键。

（六）绝大多数的突出都有预兆

生产实践表明，绝大多数的突出在发生前，都有不同程度的地质变化预兆、动力预兆、声响预兆、压力预兆、瓦斯异常预兆等。

四、突出预兆及处理原则

众所周知，火山喷发和大地震前夕，都有一些预兆及异常现象发生。而煤与瓦斯突出事故亦如此，绝大多数的突出事故在发生前，不但有"山雨欲来风满楼"的明显预兆，而且遵循某种规律。人们一旦掌握了突出的预兆、机理和规律，就可利用已有成果，采取综合防突措施，把瓦斯压力充分卸掉，从而有效控制突出发生，避免人员伤亡，实现安全生产。

《煤矿安全规程》明确规定：当发现有突出预兆时，瓦斯检查工有权停止工作面作业，并协助班组长立即组织人员按避灾路线撤出、报告矿调度室。

生产实际表明，突出预兆不同的矿井及突出危险程度不同的区域，突出的表现形式和显现也各不相同；但突出都有其孕育、发展和能量释放过程，而预兆伴随其突出过程，按主要特征大体可分为"三个阶段"，每个阶段的显现形式和处理原则亦各不相同。

（一）早期预兆，也称"变化预兆"

主要特征：煤变软、光泽暗、节理层理都紊乱。

处理原则：因突出危险性增大，所以要密切观察，提高防突意识，加强防护监控。

（二）中期预兆，也称"动力预兆"

主要特征：钻粉多，钻进慢，夹孔、顶孔、喷孔异常等。

中期动力预兆，在突出威胁区并不明显，但在突出危险区显现较为强烈。喷孔是突出危险区的常见现象，是瓦斯卸压的必然结果，是潜在的能量释放形式。

处理原则：

应按《煤矿安全规程》规定，撤人、汇报，待突出危险消除后方可以继续作业，并遵循以下安全注意事项：

1. 要进入一级防突状态。

捕捉"临突预兆"；强化防护、监控；做好能随时撤出一切人员的应急准备工作。

2. 打钻作业,应按以下原则处理:

■ 要合理选用钻具。

目前我国的防突钻具,按排渣形式大体可分为"风排"和"水排"两大类,各有利弊,要因地制宜、科学选用。

水力排渣钻具的主要缺点是, 在突出危险区比风力排渣易堵孔、喷孔、卡钻,所以进钻慢;但主要优点是粉尘少,综合安全性能高。

风力排渣的主要优缺点与水力排渣相反, 但其若操作失误,往往会发生钻孔先冒青烟、后孔口喷火等事故,粉尘亦大,综合安全性能差。

因此建议钻具按下述原则选用:在动力现象不严重的区域仍可采用水力排渣钻具; 在喷孔严重的区域应选择风力排渣钻具。

■ 打钻工艺,在操作上,应注意以下安全事项:

① 要正确处理中期动力现象。

当出现夹钻、顶钻时,应放慢钻进速度,或采取"间歇"或"轮钻"等方式作业,尽可能避免"喷孔"发生,切忌加压钻进;

当出现喷孔时,应立即停钻、停电,注意个体防护,事后可采取"间歇"或"轮钻"等方式作业。

② 防止"堵孔"现象发生。

当发现排渣不畅时,立即停止进钻,处理堵渣,畅通后再钻进。

③ 要加强通风瓦斯管理,严防钻机窝积聚超限。

④ 要加强煤尘管理,防止其飞扬、堆积。

采取"干式捕尘"、喷雾、洒水、清扫等综合措施。

⑤ 要预防和处理孔口喷火事故。

在采用风力排渣工艺时,若因风力较小等原因,排渣不畅、堵孔或操作失误都可能发生孔口先冒青烟,后喷出淡蓝色火舌,十分吓人。正确的处理方法是立即停钻、停电,用"湿衣"捂灭孔口火舌。

⑥ 要加强个体防护,严防孔口喷射物或钻具伤人。

在突出危险区打钻作业时,采取以上综合措施,是可以实现安全作业的。

（三）临突预兆，也称"异常预兆"

主要特征：系指临突前夕——

- **面来压**
- **煤炮响**
- **瓦斯涌出异常**

三大异常现象几乎同时发生，显现尤为强烈。

面来压——系指掘进工作面临突前夕瞬时出现顶压、底鼓，两帮来劲，片帮掉顶，支架变形、损坏、"发抖"，迎头煤体外移等剧烈显现，因此称为"压力异常"。

煤炮响——系指与压力异常同时，出现"煤炮频发"、顶板与煤体断裂声、瓦斯射流咻咻声等多种杂声汇集一起，显现异常强烈，因此也称"声响异常"。

瓦斯涌出异常——系指与压力、声响异常同时，瓦斯涌出忽大忽小，极值悬殊数倍，但总趋势增大，有时甚至会发生"喘气"现象。

处理原则：

临突预兆发生后，可能会导致两种不同的结果，一是随即发生了突出；二是没有发生突出。现场人员应根据这两种不同的情况，针对性地按以下原则处理：

★ 发生了突出：

（1）现场人员应以最快速度、最短时间，戴好自救器，按避灾路线全部撤出危险区；并立即停风、停电、警戒、汇报。

（2）回风系统和相关区域也要立即撤人、停电、警戒。

（3）矿井要成立"事故抢救指挥部"，组织抢救处理。

1980 年淮南谢二矿三水平延伸掘进总回风石门揭煤，放炮后迎头正进行支护作业时，工作面出现压力异常，多棚"支架颤抖"，同时"煤炮频发"，班长高声喊道"跑"；当全部施工人员跑出约 60 米左右时，迎头传出了闷雷般的一声巨响，随即发生了突出。

由于班长掌握了临突预兆，快速撤离，没有发生一人伤亡。

★ 若没有发生突出：

（1）现场人员快速撤出后，要停掉负荷电，不得停风，并警戒、汇报。

（2）1 小时后，组织通风、安检、区队长三人小组进入工作面，观察情况、记录分析，再向矿调度室汇报。当班不得复工，更严禁"跑返"作业。

（3）由矿井总工程师组织有关人员，重新分析研究施工方案和安全措施，专题处理。

必须强调指出，以上突出预兆"三个阶段"之间，往往没有明显的界线，也没有确切的"量化指标"，并互有交叉。

不同的矿区，不同的瓦斯赋存条件，不同的施工和作业方式，临突预兆的显现程度亦各不相同。

这就要求人们要加强对职工的安全技术培训工作，提高其综合素质，结合局情、矿情，在生产实践中去探索和把握本单位的突出预兆、机理和规律，以实现安全施工。

五、突出防治

煤与瓦斯突出防治,大体分两大类五种情况,即:

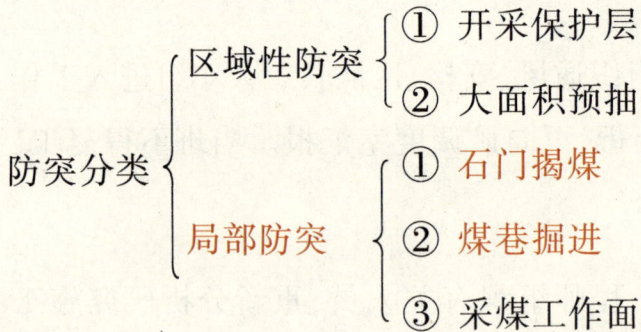

防突分类
- 区域性防突
  - ① 开采保护层
  - ② 大面积预抽
- 局部防突
  - ① 石门揭煤
  - ② 煤巷掘进
  - ③ 采煤工作面

凡有条件的矿井,应采取开采保护层和煤层大面积预抽等区域性防突措施,以消除、降低突出危险程度。对单一突出煤层也要创造条件实施大面积预抽,同时,局部防突也不能忽视。

除坚持"四位一体"(采取突出危险性预测、实施防突措施、进行效果检验、实施安全防护)的综合防突措施外,下面就对"石门揭煤"和"煤巷掘进"防突,谈几点意见。

（一）石门揭煤防突

石门揭煤，有多种防突施工方法，目前国内大都采用远距离震动爆破的方法揭开煤层，这一方法，科学实用，简便易行，但应重点把好以下六关：

- 设计关
- 施工关
- 验收关
- 封孔关
- 卸压关
- 效果检验关

1. 设计关

由矿井总工程师负责做好以下三项工作：

一是，揭煤巷道的位置，应避开地质构造带和应力集中区。例如，某矿业集团的两个突出矿井，因揭煤石门处于构造带，距突出煤层法线距离大于 10 米岩柱时，均发生了煤岩与瓦斯突出。

二是，合理选用技术参数。

三是，编制具有针对性、科学性、指导性、可行性、安全性的防突设计和安全措施。

凡突出矿井,都要实地测定并搞清瓦斯原始压力(p)、钻孔卸压半径(r)、安全卸压周期(h)等有关技术参数与安全临界值(p_0)的关系。测试方法见图1(a)、图1(b)。

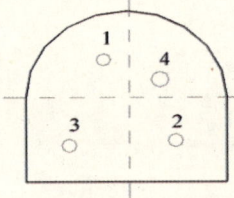

图1(a) 炮眼布置图

1、2、3——测压孔;

4——卸压孔

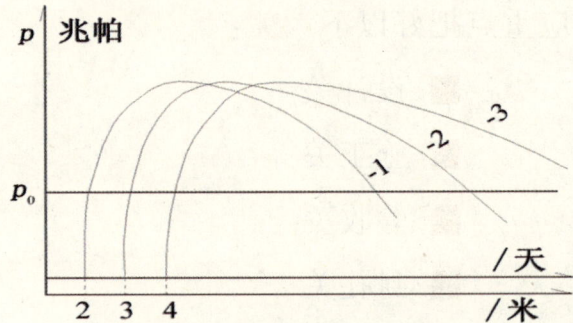

图1(b) 瓦斯原始压力、卸压半径、卸压时间、安全临界值相互关系测定示意图

图1(a)煤层底板法距要大于5米,三个测压孔要预先设计好与卸压孔间的不同距离(如:1、2、3号分别与4号孔相距2米、3米、4米等),1、2、3号孔见煤点间距应不小于5米,施工顺序是先打1、2、3号,按测压规程,打一个封一个,待三块表均上升到"瓦斯原始压力稳定值"后,再施工4号卸压孔,并同时按图1(b)分别绘出关系曲线。

从关系曲线图上,我们可清楚地看出,p、r、h、p_0四者之间的关系,这对指导石门揭煤和煤巷掘进防突,具有十分重要的意义。

上述参数测完后,在石门揭煤时,应按图2和附表的要求编制作业规程和防突设计,要特别强调弄清钻孔类别,明确控制距离、孔数和有关参数,提出施工要求,注意孔间关系等重要事宜。

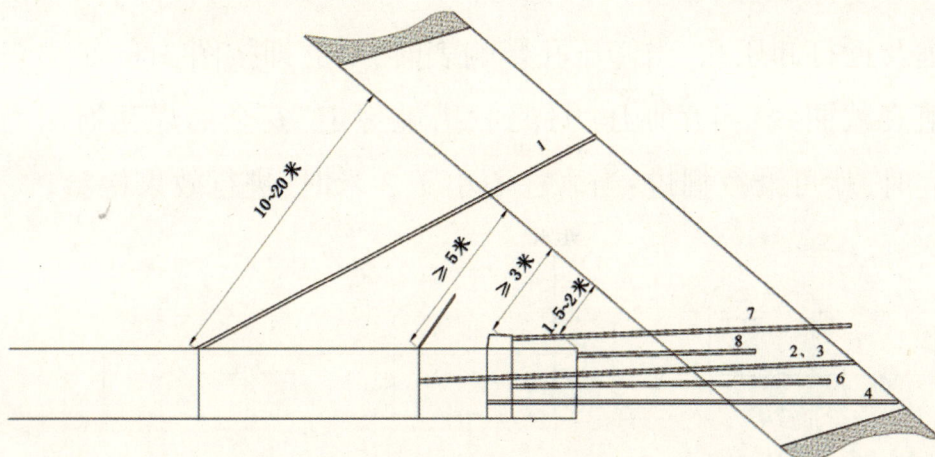

图 2　石门揭煤示意图

钻孔参数一览表

孔号	钻孔类别	控制距离/米	个数	要　　求	作用（目的）	相互关系	备　　注
	控制孔	10~20	∢2	① 布置平钻、仰钻各1个孔；② 穿层进入顶（底）板不小于0.5米，记录有关资料	① 确切控制层位、厚度、倾角、岩性、构造等赋存情况；② 探查水文、瓦斯等情况		取岩心
	测压孔	∢5	2	① 穿层；② 封孔要及时、严密不漏气	① 准确测得瓦斯原始压力值；② 记录钻孔卸压半径、时间与瓦斯压力衰减情况	与控制孔见煤点距离不小于5米，两帮各一个，见煤点距巷道周界不少于3米	在瓦斯压力值稳定前不得进行影响测压的其他工作
	预测孔		2	① 穿层；② 按《防突细则》测定	预测工作面突出危险性，指导安全揭煤		测定完成后可做卸压孔
	卸压孔（抽放孔）	∢3	若干	① 孔径φ75~100毫米；② 孔底布置到石门周边3~5米	将瓦斯压力及有关指标降到安全值以下	① 视孔排半径大小，孔底间距为2米左右；② 先打测压孔，后打预测孔，再打卸压孔	若煤层特厚等原因穿层确有困难时，可分段卸压施工，第一次孔长不小于15米，必须不小于5米超前距离
	超前孔	5米以后	2	① φ42毫米；② 布置在巷顶、底部各一个；③ 超前工作不小于2米	确切掌握层位，防止误揭煤层		
	检验孔	∢3	4	① 上部、中部、两侧各打一个；② 按《防突细则》检验	检验措施效果，提出检测报告	终孔落在措施卸压范围边缘、措施孔中间	钻屑解吸指标法等
	骨架孔	2	若干		加固煤体，超前支护，以防冒顶诱发突出	与卸压排放、瓦斯抽放配合使用	骨架不准拆除或回收
	揭煤孔	1.5~2	若干	震动炮煤眼有关参数视情况在措施中明确规定，必须有专门设计	放震动炮揭开煤层	其他钻孔用不燃性材料填满	直到揭完煤层全厚为止

在具体操作上,当岩柱不小于 5 米时,可按图 3(a)边沿先打一个测压孔,当表升到稳定值后,保护好不得拆除;同时由远及近打卸压孔,当卸压孔影响表时,要立即按图 3(b)绘出表值衰减曲线;当瓦斯压力卸到"措施规定"安全揭煤瓦斯压力 p_1 时,就可继续掘进;当岩柱不小于 3 米时,进行效果检验。

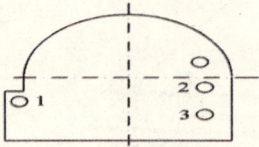

图 3(a)　炮眼布置图

1——测压孔;2、3——卸压孔

p——瓦斯原始压力,兆帕;

p_0——瓦斯压力临界值,0.74,兆帕;

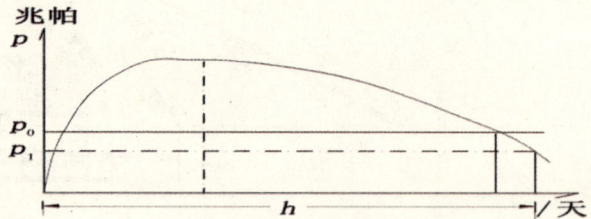

图 3(b)　石门揭煤瓦斯卸压衰减曲线示意图

p_1——安全揭煤时瓦斯压力,兆帕;

h——安全揭煤周期,天。

以上重要参数之间的关系,还可用一个函数式表达:

$$h=f[p \cdot p_1 \cdot A \cdot \Phi(\psi.r.n.l)] \tag{1}$$

式中　h——安全揭煤周期,天;

　　　p——瓦斯原始压力值,兆帕;

　　　p_1——措施规定安全揭煤瓦斯压力,兆帕;

　　　A——卸压方法(如自然排放或抽放等);

　　　ψ——卸压孔直径,毫米;

　　　r——卸压孔卸压半径,米;

　　　n——卸压孔间距,米;

　　　l——卸压孔深度,米。

由图1、图3、式(1)在同比条件下可知:

■ h 值随 p、n 的增大而增大,是增函数关系。

■ h 值随 p_1、ψ、r 的增大而减少,是减函数关系。

■ h 值与 A 有关,抽放比自然排放来得快。

■ h 值与 l 有关——若孔深按防突设计穿层到位,则 h 和 p_1 值是真实的、可靠的,揭煤是安全的;否则 h 和 p_1 是"假数",揭煤是不安全的。从这个意义上讲,诸多参数中,在同比条件下,l 对"揭煤安全"起一票否决的重要作用。

某矿 1993 年、2002 年两次揭煤突出,均因卸压钻孔未到位、瓦斯压力未卸掉而发生突出,导致较大伤亡,教训应汲取。

2. 施工关

巷道和各类钻孔必须按设计施工,确保质量;揭煤过程中,要加强支护和顶板管理,严防冒顶诱发突出;要熟知"堵孔"和"喷孔"的区别与特征,并能正确处理。

3. 验收关

要有高素质的专业技术人员,对各类钻孔严格按设计标准逐个验收,建档管理。把好验收关,是确保安全揭煤的关键环节。要健全各级责任制和奖惩制度,矿井总工程师要亲自审阅验收报表,组织不定期现场抽查。

淮北矿业集团芦岭矿,自落实了"拔钻验收"和"远程、遥测、监控验收"制度以来,从 2002 年 5 月到 2007 年,在瓦斯压力增大、突出危险性增大的情况下,已安全揭煤数十次,实现了五年"零突出",效果尤为显著。

4. 封孔关

对采取抽排卸压的矿井,应采用新装备、新技术、新工艺、新材料,确保封孔质量,提高抽排效果。对测压孔更要确保质量,必要时可下套管封孔。

5. 卸压关

凡采用抽放方法卸压的,应安表计量;凡采用自然排放式卸压的应按图3方法,确切掌握瓦斯卸压动态,只要表值降至 p_1 时,确保充分卸压后,就可按措施规定继续进行揭煤工作。

2006年某矿业集团打深部大井,当掘到950米深,揭突出煤层时发生了突出事故,死亡12人。

2008年12月某地方煤矿,带泵掘进岩石下山,遇地质构造穿过突出煤层揭煤时,发生突出事故,包括跟班副区长、瓦检员、放炮员在内,死亡5人。

上述两个单位揭煤前,都有依法编审的揭煤措施;揭煤时都按措施施工了卸压钻孔,并进行了抽排卸压,但揭煤时都发生了突出事故,除其他原因之外,其共性原因之一是工作面有水,"卸压俯孔"内有积水,加水有积水、渗水的煤层俯孔易于发生钻孔垮塌、沉淀煤泥等情况,严重影响了抽排效果,没有充分卸压,这一教育应引以为戒。

6. 效果检验关

必须按防突有关规定进行措施的效果检验，合格后方准揭煤。

上述六者的关系是：设计是前提，施工、封孔是基础，验收、卸压是关键，检验是手段，几者不可偏废，只要落实到位，安全揭煤是完全可以实现的。

（二）煤巷掘进防突

在突出煤层中掘进，防突施工的方法较多，各矿区可根据实际情况择优选用，综合防治。

在突出危险区或突出威胁区中掘进煤巷，当前大都采用打超前钻孔抽放卸压等"四位一体"的措施综合防治。采取此法施工时，应遵循以下五项指导原则：

★ 优化设计原则

★ 充分利用钻孔卸压半径原则

★ 坚持"两个8米"原则

★ 确保充分卸压原则

★ 加强支护原则

1. 优化设计原则

优化设计,系指对:

巷道布置

钻孔合理参数(如个数、布孔、孔径、孔深、方位等)

卸压方式(自然排放、抽放等)

钻具选择(钻机型号、麻花钻杆、无缝钢管)

打钻工艺(水力排渣、风力排渣)

安全措施等问题优化设计。

2. 充分利用钻孔卸压半径原则

生产实践表明,在有突出危险的煤巷中打第一个卸压孔时,"动力现象"一般比较显著,易于发生顶钻、夹钻、卡钻、喷孔等现象,进钻速度也慢。但第一钻打完后,其孔周围就会形成"卸压区",当我们打第二钻、第三钻、……时就可利用前一个钻孔的卸压半径,加快打钻进度(见下图)。

钻孔卸压半径示意图

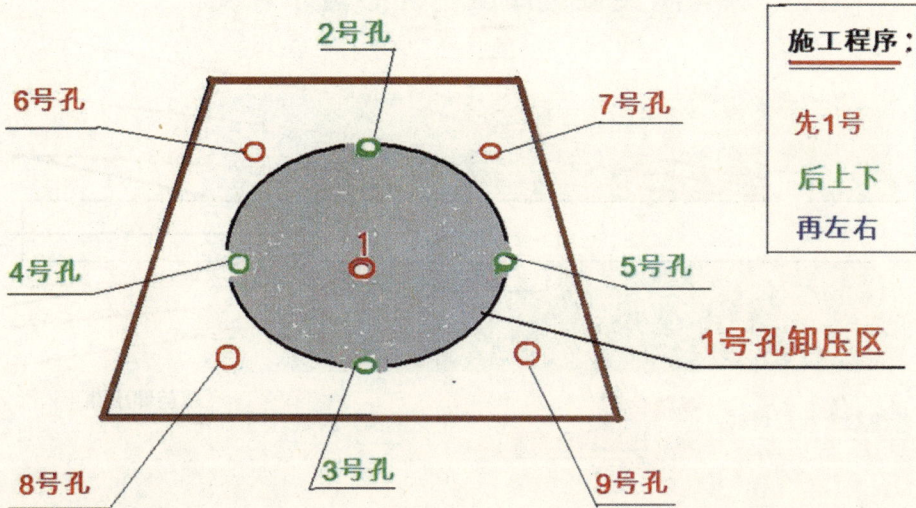

2号孔

6号孔   7号孔

施工程序：

先1号
后上下
再左右

4号孔   1   5号孔

1号孔卸压区

8号孔   3号孔   9号孔

3. 坚持"两个 8 米"原则

系指在钻孔参数选择和布孔上，要始终确保掘进工作面前方和巷道周边有不小于 8 米的"安全卸压煤柱"保护（见下图）。

煤巷防突掘进卸压钻孔布置示意图

巷帮 深孔

巷帮安全卸压煤柱　巷帮钻场　兼作压风自救硐室　迎头超前卸压煤柱　超前卸压孔

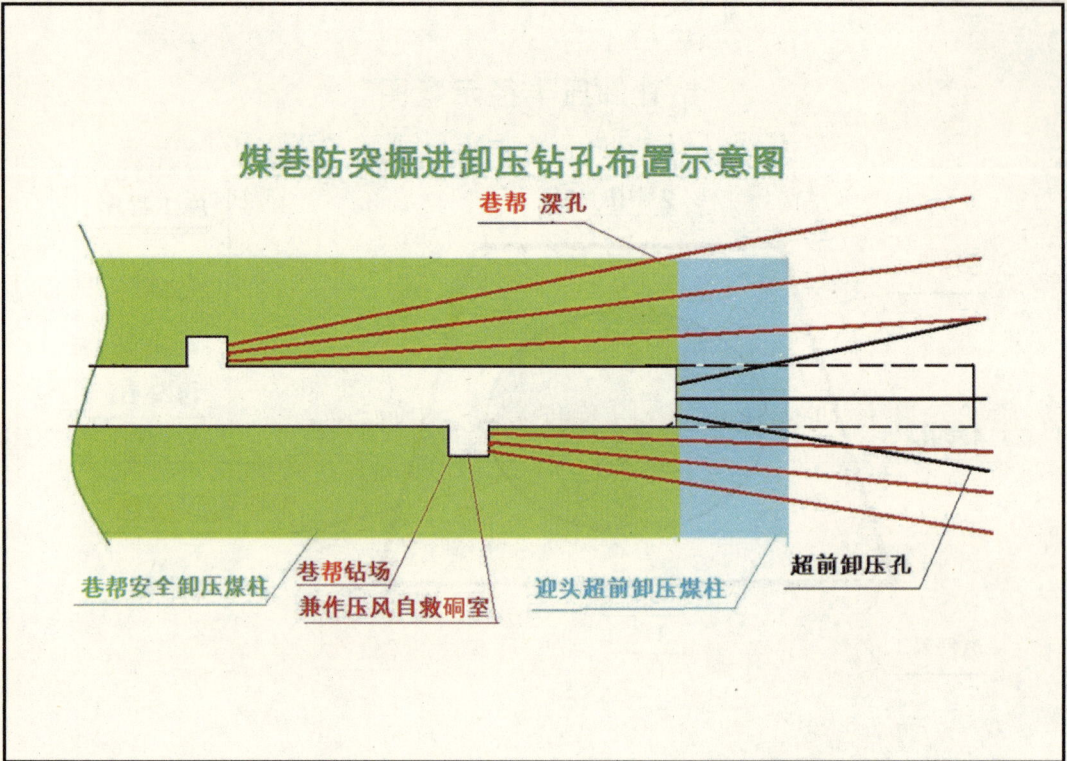

钻孔参数可根据瓦斯和煤层赋存条件及巷道断面、钻孔有效排放半径等因素合理设计。

一般来说工作面的：

超前钻孔可布置 12 个左右, 孔深大于 16 米。不提倡浅孔多循环。

循环进尺 8 米。

巷帮深孔每帮布置 3~4 个, 孔深 40 米左右。

"巷帮钻场"的间距, 应按确保巷道周边不小于 8 米安全卸压煤柱的"连续性"原则确定。

　　"巷帮钻场"的布置可根据巷道压力情况，优化选择对称或交错布置方式。

　　打钻卸压和掘进进尺的循环安排，应按充分卸压和效果检验合格原则优化设计，以确保安全、快速。

　　坚持"两个 8 米"原则，是煤巷防突施工中最重要的措施，务必落实到位。

4. 确保充分卸压原则

　　系指在卸压方式、卸压时间、钻孔参数上，一定要确保充分卸压、解突。

　　2008 年 8 月，某国有矿井采用打超前钻孔抽放卸压的方法施工煤层 105 机巷。当巷帮深孔打到掘进工作面前方 30 米处时，遇地质构造，曾发生顶钻、喷孔等动力现象。由于该条巷道处于经过具有资质的单位对该煤层进行区域性突出危险性预测后所划定的"无突出危险区"，因而施工单位对发生的动力现象，没有予以足够的重视，认为问题不大，麻痹大意，没有采取加密钻孔、延长抽排时间等措施充分卸压，导致掘进工作面掘到此处放炮时发生了小型突出，突出后瓦斯浓度达 34.0%；由于采取的是远距离放炮措施，因而没有发生人员伤亡。

当采用超前卸压钻孔掘进煤层巷道时，若遇有极软煤层、地质构造带、应力集中区等"异常条件"，或遇易于发生卸压钻孔垮塌、挤实等"特殊情况"时，应采取针对性的煤层固化、加密钻孔、卸压孔内下"花管"、提高抽放负压、延长抽放时间等"特殊措施"，以确保充分卸压解突，实现安全施工。

其指导思想是宁愿把工夫花在打钻、抽放、卸压上，而不冒险掘进。

5. 加强支护原则

系指在施工过程中要加强支护和顶板管理，必要时可采取金属骨架、煤层固化等措施，严防冒顶诱导突出。

综上所述，在煤巷掘进防突施工中，只要能坚持此"五项指导原则"，打好超前钻孔，把瓦斯压力充分卸掉，加之"四位一体"的综合防突措施，煤与瓦斯的突出事故是能够防范的。

实现不超、不突、不燃、不爆，并达到减少动力现象的安全效果。

教案 7

矿井通风管理

矿井通风管理

所谓"一通三防"，系指矿井通风、瓦斯防治、粉尘防治、防灭火等4项工作；它是煤矿安全管理的重中之重，而矿井通风又是"一通三防"工作的基础。

据统计，全国煤矿1988~1993年6年间，发生每次伤亡三人或三人以上的较大事故共1 848起，死亡11 854人。按事故性质分，其中："一通三防"事故为1 188起，占64%；死亡8 616人，占73%，双居榜首(据国家安全生产监督管理总局网站和媒体报道：2007年全国煤矿发生"一通三防"较大及以上事故90起，占54%，死亡831人，占67%)。按矿井性质分，其中：地方矿井为1 652起，占89%，是国有重点矿井的8.4倍；死亡10 311人，占87%，是国有重点矿井的6.8倍。

根据国家安全生产监督管理总局网站及媒体报道，全国煤矿2007年度发生一次死亡3人及3人以上的较大事故167起，死亡1 237人；其中一通三防事故起数和死亡人数分别占54%和67%，双居第一，地方煤矿比例更高。

由此可见，"一通三防"是煤矿安全永恒的主题；而地方煤矿"一通三防"工作是安全上的重大薄弱环节，亟待加强。

本教案主要对"矿井通风"的相关问题进行阐述：

◆ 有关概念

◆ 矿井通风任务

◆ 矿井通风系统

◆ 局部通风

◆ 完善、管好、用好通风设施

◆ 完善矿井通风管理制度，实现通风标准化矿井

一、有关概念

(一) 采掘工作面风流

掘进工作面风流——是指工作面到风筒口这一段巷道中的风流(见下图)。

掘进工作面甲烷传感器设置示意图

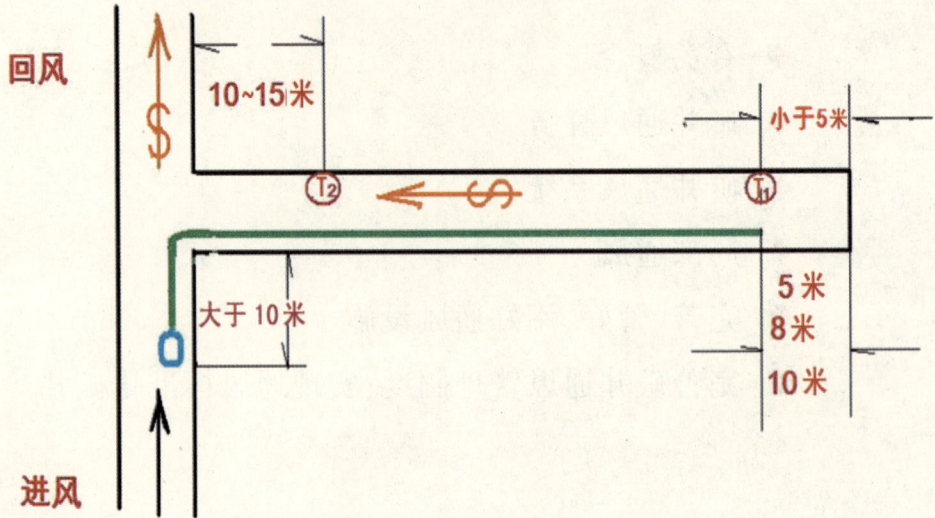

回风

10~15米

小于5米

T_2 T_1

大于10米

5米
8米
10米

进风

采煤工作面风流——有三种解释：

1. 采煤工作面空间中的风流。

2. 采煤工作面距顶板、底板、煤帮各 200 毫米和放顶线之间的风流。

3. 采煤工作面 T_1 甲烷传感器，布置在上风巷距安全出口 10 米的位置，其监测的瓦斯浓度为"采煤工作面风流"中的浓度。

(二) 上隅角

采煤工作面放顶线和回风巷的上帮及其顶板的 "交面处"，叫"上隅角"。

上隅角的瓦斯应按"采煤工作面风流"管理，它是采煤工作面瓦斯管理的重点，也是瓦斯管理的难点。

必须设 T_0 甲烷传感器监测(见下图)。

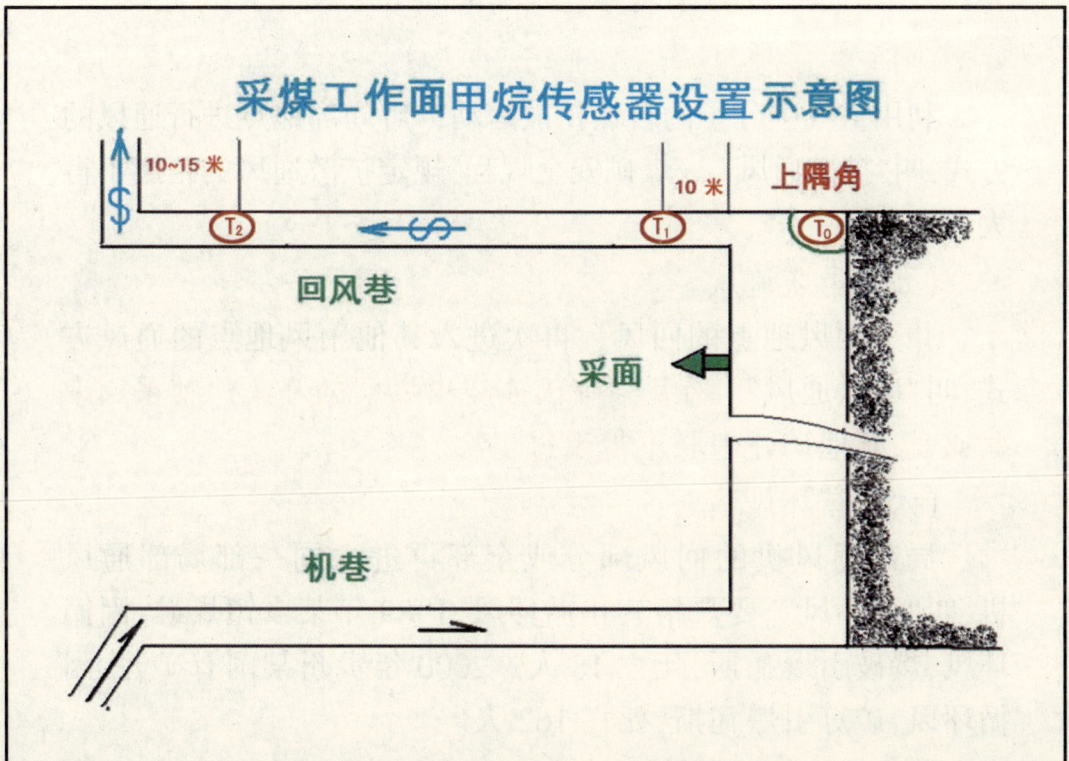

采煤工作面甲烷传感器设置示意图

10~15 米

T_2

10 米   上隅角

T_1 T_0

回风巷

采面

机巷

（三）自然通风

利用空气自然风压对矿井或井巷进行通风的方法，叫"自然通风"。因自然通风受季节影响大、风流不稳定、安全不可靠，所以煤矿严禁采用。

1989 年某乡镇煤矿采用自然通风发生瓦斯爆炸，死亡12 人。

1990 年某乡镇煤矿采用自然通风发生瓦斯爆炸，死亡20 人。

（四）扩散通风

利用空气中分子的自然扩散运动，对局部地点进行通风的方式，叫"扩散通风"。《煤矿安全规程》规定扩散通风的距离不得大于 6 米。

（五）串联通风

井下用风地点的回风，再次进入其他用风地点的通风方式，叫"串联通风"。有瓦斯喷出或突出煤层的开采严禁采用串联通风，其他矿井串联不得超过 1 次。

（六）循环风

局部通风机的回风部分或全部再进入同一部局部通风机，叫"循环风"。要严格禁止循环风。1989 年某乡镇煤矿，因循环风，爆破引爆瓦斯，死亡 18 人。2000 年贵州某国有矿井，因循环风，矿灯引爆瓦斯，死亡 162 人。

（七）专用回风巷

在采区巷道中，专门用于回风，不得用于运料、安设电气设备的巷道，叫"专用回风巷"。在突出区域，专用回风巷内还不得行人。

对专用回风巷的设置，必须严格执行《煤矿安全规程》规定；高瓦斯矿井、突出矿井、易自燃煤层采区，必须至少设置 1条专用回风巷；低瓦斯矿井开采煤层群和分层开采，采用联合布置的采区，必须设置 1 条专用回风巷。采区进、回风道必须贯穿整个采区，严禁一段为进风巷，一段为回风巷。

（八）局部积聚

在采、掘工作面风流以外和巷道中，凡积聚的瓦斯体积大于 0.5 立方米，浓度不小于 2%，称之为"局部积聚"。

（九）煤层自燃

煤层本身有自燃性，加之开采技术因素影响导致煤层着火的现象，叫"煤层自燃"。

煤层自燃必须同时具备以下 3 个条件：

- 有大量的可燃性碎煤。
- 有充分的供氧和蓄热环境条件。
- 持续时间大于等于煤层的自然发火期。

1. 煤层自燃预兆

煤层自燃的主要预征有"三大异常现象"：

气味异常——巷道中出现煤油、松香、恶臭等异味。

现象异常——巷道里出现水雾，顶、帮、支架挂汗。

感觉异常——巷道里出现高温，人感到闷热、头昏、疲劳等现象，均为煤层自燃预兆，应及时处理。

2. 防止煤层自燃的主要技术措施

① 合理选择开拓方案和采煤方法。
② 减少煤柱和浮煤丢失。
③ 实施预防性注氮、注浆。
④ 采后及时封闭。
⑤ 减少采空区漏风。
⑥ 加强自燃监测。
⑦ 对高温点早期采取注浆、注氮、均压通风技术加以控制等。

　　煤层自然发火是矿井的重大灾害之一，要早发现、早控制、早处理。

　　1977 年某国有煤矿，煤层自然发火，在处理过程中发生灾变，引发瓦斯连续爆炸，死亡 83，伤 35 人，封闭了 5 个采煤工作面，长达半年之久。

（十）火风压

井下发生火灾时，高温烟流流经有高差的井巷所产生的附加风压。

二、矿井通风任务

矿井通风工作任务主要有以下三项：

（1）为井下人员提供足够的新鲜空气

《煤矿安全规程》要求：进风流中氧气浓度不小于 20%，甲烷浓度不大于 0.5%；每人每分钟供给风量不小于 4 立方米。要求木料场、矸石山、炉灰场距进风井距离不小于 80 米；

（2）冲淡和排除井下空气中的有毒有害气体和粉尘

据统计，截至 1997 年我国国有重点煤矿死于矿尘肺患者，累计达 17.5 万人，每年死亡 2 000~3 000 人。

矿尘中对人体危害最大的成分是游离二氧化硅含量,矿井通风能使井下空气中的有毒有害气体及粉尘不超标,确保职工身心健康。

矿尘防治主要技术措施有:

- 减尘技术——煤层注水、湿式打眼、潮料喷浆、扒装洒水、水炮泥等。

- 湿式除尘——割煤喷雾,移架喷雾,转载点喷,净化通风,1、2、3喷。

- 干式扑尘。

- 通风排尘——风量、风速。

- 个人防护——口罩。

(3) 为井下提供良好的气候条件

矿井气候条件是指井下空气的温度、湿度、风速、大气压力四者的综合状态。《煤矿安全规程》规定:采掘工作面温度不大于 26 ℃;当温度超过 30 ℃时,必须停产处理。机电硐室温度不大于 30 ℃;当温度超过 34 ℃时,必须停止作业,进行处理。采掘工作面,进、回风巷,运输巷最低风速不得小于 0.25 米/秒;通风行人巷道不得小于 0.15 米/秒。

最适宜人体的相对湿度为 50%~60%;湿度过大会有闷热感,湿度过小会有干燥感。

三、矿井通风系统

煤矿有句至理名言,叫"矿井安全抓通风,通风安全抓系统",可见矿井通风系统对矿井安全的重要性。

矿井通风系统:系指矿井通风方式、主要通风机的工作方法、矿井通风网络和通风设施的总称。

通风方式:系指矿井进风井和回风井的布置方式。

通风方法:系指矿井主要通风机的工作方法。

矿井通风方式
{
中央式(并列、分列)
对角式(两翼、分区)
分区式
合式等
}

矿井通风方法
{
自然通风
机械通风
{
压入式
抽出式
}
}

矿井通风方式示意图

| 对角式 | 中央分列式 | 中央并列式 |

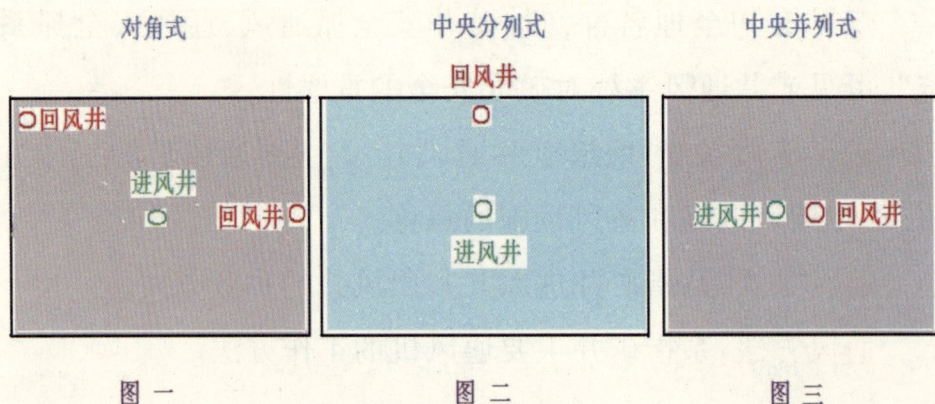

图一　　　　　　　图二　　　　　　　图三

通风网络：系指通风系统中表示风道连接形式和风流方向的结构系统,亦称风网。

通风设施：系指为保证进入矿井的风量能按生产的需要定向、定量地流向用风地点而在通风网络中设置用以引导、隔断和控制风流的设施,又称通风构筑物。

(一) 科学合理的矿井通风系统

通过优化设计,使矿井通风系统达到正规、完善、科学合理的要求,以提高抗灾能力。其科学合理性主要表现在:

- 安全性
- 可靠性
- 稳定性
- 经济性
- 有效性等方面

对矿井通风系统的主要要求是:

- 供电系统要可靠;
- 通风设施齐全、合理,风流稳定;
- 通风巷道要保持良好状态,减少风阻;
- 通风能力要与矿井生产能力相匹配。

(二)《煤矿安全规程》相关规定

1. 每个生产矿井必须有至少 2个安全出口，严禁独眼井开采；未建成两个安全出口的水平或采区严禁生产。

1989 年某乡镇煤矿，独眼井开采，发生瓦斯爆炸，死亡 13 人。

2. 改变矿井通风系统，必须编制通风设计和安全措施，报企业技术负责人审批。

3. 必须按实际供风量核定矿井通风能力，做到以风定产，严禁超通风能力生产。

4. 新水平、新采区，未构成通风系统前，回风引入生产水平的进风中，必须编制安全措施，报企业技术负责人审批。

5. 有突出危险的采煤工作面，不得采用下行通风。

6. 矿井必须采用机械通风，双回路供电，等能备用风机；严禁采用局部通风机或风机群作为主要通风机使用。

7. 主要通风机停止运转时，受停风影响的地点，必须立即停止工作，切断电源，撤出人员。

8. 突出矿井，井下严禁安设辅助通风机。

9. 井口房和通风机房附近 20 米范围内不得有烟火。

10. 采区变电所，必须有独立通风系统。

四、局部通风

局部通风是矿井通风工作中的关键性工作。

据统计,多年来全国煤矿所发生的较大爆炸事故中,掘进工作面高居首位。1949~1995 年间,全国重点矿井发生一次死亡 3 人及 3 人以上的瓦斯煤尘爆炸事故中,掘进工作面发生事故起数和死亡人数双居第一。

某矿业集团,从建局到 2007 年共发生 3 起瓦斯爆炸伤亡事故,全都发生在掘进工作面。

因此,按《煤矿安全规程》规定,抓好局部通风管理,控制较大事故发生,应做好以下工作:

(一) 局部通风机安装、使用、管理

1. 选型——应综合考虑瓦斯、通风距离、煤岩等因素,确保供风能力。对高瓦斯、长距离掘进工作面,应首选 "对旋风机",并安设双风机。

2. 安装——与掘进工作面回风口距离不小于 10 米。

3. 吸入风量——要低于进风巷道负压风量。确保不喝循环风。

（二）供电要可靠

1. 低瓦斯矿井——采掘供电应分开或安设选择性漏电保护装置。

2. 高瓦斯、突出矿井——应安设"三专两闭锁"。

1995 年某矿，因局部通风机供电不可靠，掉电停风，电钻失爆引发瓦斯爆炸，死亡 7 人、重伤 4 人。

（三）监测装备要完善

1. 所有瓦斯矿井掘进工作面要安设安全监测系统，实施自动监测、报警、断电。

矿井安全监测系统，必须具备当电网断电后，能保证正常工作不小于 2 小时；瓦斯甲烷传感器和便携仪，按规定必须每 7 天使用标准气样调校一次。

2. 建议在煤、半煤、高瓦斯、双突掘进工作面迎头肩窝处，增挂一台便携仪。

掘进工作面挂设便携仪示意图

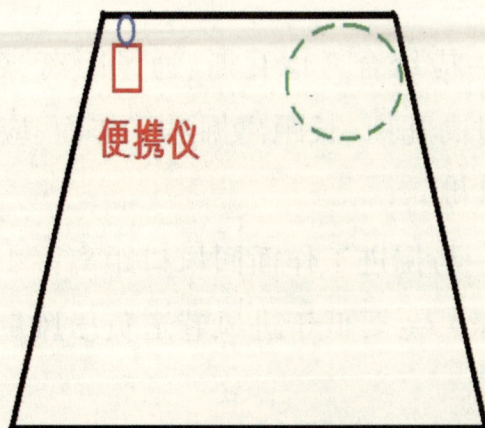

便携仪

1997 年淮北某国有重点矿井的安全矿长，去一煤巷掘进工作面进行安全检查。安全矿长刚到时，迎头已挖好柱窝，正要架棚。当他手持便携仪欲检查工作面瓦斯时，掘进迎头肩窝悬挂的便携仪和安全矿长手持的便携仪同时报警，顶板掉渣，安全矿长高声喊道"撤"，施工人员快速撤离；随即发生了煤与瓦斯"倾出"，未发生人员伤亡。但迎头挖好的柱窝被挤实，迎头两架棚子变成了"对子棚"。

3. 局部通风机要设专人兼管。

1977 年某矿，局部通风机未设专人兼管，采区机电人员例行"试漏"检查时，局部通风机停风后没有人及时送电，造成瓦斯超限爆炸，死亡 114 人。

4. 应使用双抗、阻燃风筒，并吊挂平直、接口严密，风筒口到工作面的距离要在作业规程中明确规定。要确保迎头有足够风量。迎头是掘进工作面瓦斯管理的重点。

某矿业集团统一规定风筒口到工作面的距离：煤巷不得大于 5 米，半煤巷不得大于 8 米，岩巷不得大于 10 米。这一规定已实施数年，实践表明，切实可行，安全可靠，确保了迎头有足够的风量，可供借鉴。

1970 年某低瓦斯矿井，风筒口距离超标，矿灯引爆瓦斯，死亡 12 人。

1989 年安徽某乡镇煤矿，风筒口距工作面 15 米，放炮引爆瓦斯，死亡 12 人，伤 5 人。

1990 年山西国有重点低瓦斯矿井，风筒口距工作面远达 25 米，爆破引爆瓦斯，死亡 10 人。

2000 年某地方国有煤矿，风筒口距离远，违章爆破引爆瓦斯，死亡 12 人。

2001 年某低瓦斯国有重点矿井，在正常生产期间，从未发生过瓦斯积聚超限现象，但一掘进工作面进尺 20 米，未安局部通风机，采用压风吹，发生瓦斯爆炸，死亡 6 人。

2002 年河南某地方国有煤矿低瓦斯矿井，风筒口远，爆破引爆瓦斯，死亡 23 人，伤 3 人。

5. 不得采用三台局部通风机向一个掘进工作面供风和一台局部通风机向两个掘进工作面供风。

1990 年淮北某地方低瓦斯矿井，一台局部通风机向两掘进工作面供风，风量不足，爆破引爆瓦斯，死亡 10 人，伤 4 人。

6. 局部通风机必须实行风电闭锁，并两台同时实行风电闭锁。

7. 要预防和处理好巷道冒高处局部瓦斯积聚问题。

五、完善、管好、用好通风设施

(一) 通风设施定义

所谓通风设施，是为保证进入矿井的风量能按生产的需要定向、定量地流向用风地点而在通风网络中设置用以引导、隔断和控制风流的通风构筑物。

(二) 通风设施组成

1. 永久设施——如永久风门、永久密闭、风桥、测风站等。

2. 临时设施——临时风门、临时密闭、风窗、风障等。

3. 安全设施——隔爆水槽、净化水幕、监测仪表、甲烷传感器等。

(三) 通风设施作用

1. 起着有效控制、合理分配风量和稳定风流的重要作用。

2. 具有控制漏风、抑制煤层自然发火的作用。

3. 起到遥测监控有毒有害气体浓度和温度变化的作用，确保矿井安全。

4. 可净化通风、降低粉尘浓度、减少尘肺病。

5. 起到预防和控制矿井重大灾害事故发生，提高抗灾能力，提高矿井安全保障能力，减少事故损失的重要作用。

1995 年某矿，发生掘进工作面瓦斯爆炸事故，"隔爆水槽"起到了良好的隔爆作用，减少了事故伤亡。

（四）要求

鉴于通风设施对矿井安全的重要性，所以一定要把它管好、用好。总的要求是：

一是完善——使之齐全、合理。

二是要管好、用好、维护好——使其真正起到防灾、抗灾的重要作用。

三是要爱护——加强对职工的安全教育，人人爱护通风设施，发现问题应及时汇报、处理，以确保通风系统的稳定、安全、可靠。这样就可对矿井的重大灾害性事故实施有效地预防、遥测、监控、处理，以达到安全生产的目的。

六、完善矿井通风管理制度，实现通风标准化矿井

1. 生产矿井要建立健全通风机构和队伍，处理好通风安全和减人提效的关系。

2. 要建立健全和落实各级"一通三防"安全责任制度。

3. 建立矿"一通三防"例会、计划、总结制度。

2000 年某矿发生特大瓦斯爆炸事故后，国家事故调查组查阅资料发现，该矿 2000 年 1 月~9 月未召开过一次"一通三防"专业会。

4. 建立矿井通风、瓦斯管理、防尘、防火、火工品管理等制度。

5. 建立图牌板、上机、上网管理制度。

6. 建立通风安全仪表的装备、使用、管理、维护、调校制度。

7. 建立测气员、爆破工等通风特殊工种依法培训和持证上岗制度等。

生产矿井都要努力建成通风标准化矿井。例如，淮北市房庄、窦庄、吴庄等多个地方煤矿，多年来一直保持通风质量标准化矿井称号，安全形势持续稳定，经济效益连年提高。

最后，向大家介绍矿井"一通三防"七言警句，供借鉴：

　　矿井安全抓通风，通风安全抓系统。

　　瓦斯管理是重点，积聚超限要避免。

　　局部通风是关键，装备监测要完善。

　　防尘防火重在防，安全措施要跟上。

　　爆破防突和抽放，联检细则不能忘。

　　通风设施爱加管，规章制度要健全。

　　"三个并重"管在先，十部责任如泰山。

　　指令规程八不准，查处"三违"重在狠。

　　监检管理要从严，消除苗头和隐患。

　　人人重视通和防，矿井安全有保障。

教案 8

安 全 爆 破

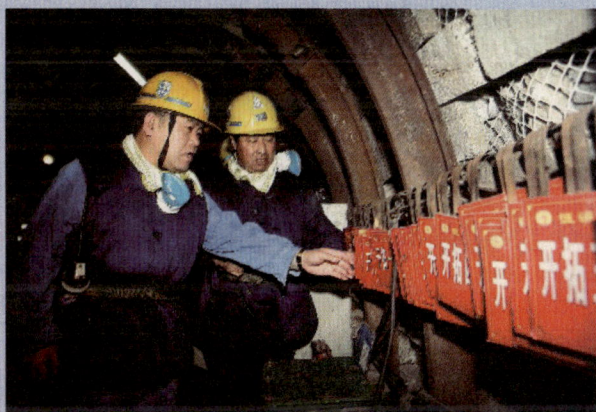

安 全 爆 破

据统计,全国煤矿当前共有 1.7 万处左右,其中绝大部分的掘进工作面都采用钻爆法施工,绝大部分的采煤工作面都采用爆破落煤方法。

事故统计表明,全国煤矿发生的瓦斯煤尘爆炸事故中,按引爆火源的引爆几率,爆破引爆约占 25%~37%,居第二位(电器明火引爆占 50%以上,居第一位)。如:

1980 年江苏某矿,爆破引发 1704 采煤工作面煤尘爆炸,死亡 55 人。

1990 年山西某矿低瓦斯矿井,掘进工作面,爆破导致瓦斯爆炸,死亡10 人。

2007 年河南某个体低瓦斯煤矿,以掘代采,放炮发生瓦斯煤尘爆炸,死亡 31 人。

在顶板事故中（含伤亡和非伤亡），因爆破引发的约占 1/3。

1978 年某矿，因爆破导致 3010 采煤工作面冒顶达 57 米×4.5 米，埋 8 人，死亡 2 人。

1981 年某矿，因爆破引发 1076 采煤工作面冒顶达 57 米×4 米，埋 22 人，死亡 10 人等。

某省煤矿，自 1966~2003 年间，死于爆破事故的人数，高达 107 人。

由此可见如何实现安全爆破，是煤矿安全管理的重要课题，以下就安全爆破的相关问题阐述如下：

◆ 火工品种类、性能、适用条件
◆ 火工品运输、贮存、管理
◆ 井下爆破

本教案的重点是井下爆破。

一、火工品种类、性能、适用条件

(一) 矿用炸药(见附表)

目前国产的矿用炸药大体可分为硝铵类、含水类和硝化甘油类三大类。

1. 硝铵类
   - ① 硝铵类
     - 岩石硝铵炸药——1#、2#抗水,3#、4#——瓦斯矿禁用。
     - 煤矿硝铵炸药——适用于瓦斯矿井。
   - ② 廉价炸药——价格低、威力小、毒气多、储期短——井下禁用。

2. 含水炸药
   - ① 浆状炸药——威力大、安全性能差——瓦斯矿禁用。
   - ② 水胶炸药——高瓦斯和突出矿井适用。
   - ③ 乳化炸药——安全性能好,高瓦斯和突出矿井适用。

3. 硝化甘油类——威力大、安全性能差——瓦斯矿禁用。

我国煤矿炸药分级、种类、适用范围一览表

炸药安全等级	部分炸药名称	适用范围	备注
一级煤矿炸药	1# 煤矿炸药 1# 抗水煤矿炸药	低瓦斯矿井的岩石掘进工作面	
二级煤矿炸药	2# 煤矿炸药 2# 抗水煤矿炸药	低瓦斯矿井的: ① 采煤工作面 ② 煤巷掘进工作面 ③ 半煤巷掘进工作面	
三级煤矿炸药	3# 煤矿炸药 3# 抗水煤矿炸药	① 高瓦斯矿井的采、掘工作面 ② 低瓦斯矿井的高瓦斯区域 ③ 煤与瓦斯突出矿井	水胶炸药 乳化炸药
四级煤矿炸药	被筒炸药	用于特殊爆破,如处理卡眼等	

1996 年湖南某高瓦斯矿井的采煤工作面违章使用 2# 岩石炸药,爆破时引发瓦斯爆炸,死亡 23 人。

1999 年河南一高瓦斯矿井的煤巷掘进工作面违章使用劣质炸药,爆破时发生煤尘爆炸,死亡 30 人。

2007 年山西某地方煤矿,井下使用土制炸药,发生炸药燃烧事故,死亡 14 人。

2008 年河北某地方煤矿,无证非法开采,井下药库存放的劣质炸药燃烧,死亡 37 人后,又瞒报事故,受到了法律的严惩。

(二) 电雷管

目前国产的电雷管分瞬发电雷管和延期电雷管两大类。

1. 瞬发电雷管
  ① 普通型——适用于地面,瓦斯矿井禁用。
  ② 煤矿许用型——适用于瓦斯矿井。

2. 延期电雷管
  ① 毫秒延期：■普通型——瓦斯矿井禁用。
    ■煤矿许用型——最后一段延期时间不得超过 130 毫秒瓦斯矿井适用。
  ② 半秒延期：瓦斯矿井禁用。
  ③ 秒延期：瓦斯矿井禁用。

3. 为什么煤矿许用毫秒延期电雷管,最后一段(第五段)的延期时间**不得大于 130 毫秒**?

因为国家爆破研究所在高瓦斯矿井中的采掘工作面,经数十次现场爆破试验测定,爆破后:

① 在 160 毫秒内,瓦斯浓度为 0.3%~0.5%。

② 在 260 毫秒内,瓦斯浓度为 0.3%~0.95%。

③ 在 360 毫秒内,瓦斯浓度为 0.35%~1.6%。

④ 而 130 毫秒内,瓦斯浓度仅为 360 毫秒的 1/3 多一点,**仅为瓦斯爆炸下限 5%的 1/10**,是**很安全**的,所以延期时间定为小于等于 130 毫秒。实施控制爆破时, 在操作上,1~5 段要严格依次起爆,严禁跳装、倒装、混装。

二、火工品运输、贮存、管理

因火工品是一种特殊物资,具有强烈爆炸危险性,管理好火工品,对煤矿安全、社会安全、国家安全都极为重要。因此国家对火工品的生产、运输、贮存、使用、管理,都有严格而明确的规定,必须认真执行。

(一) 运输

1. 地面运输

要求使用专用车辆、限量装车、武装押运、持证通行、限速行驶;严禁在居民区、集市、重要设施(桥梁、码头等)停靠;严禁采用汽车、拖拉机、自行车、摩托等运输火工品。

1983 年某乡镇矿用汽车到化工厂拉炸药,途中爆炸,司机和押运者 3 人死亡。

1983 年某乡镇矿用拖拉机运送炸药,途中发生爆炸,死亡 6 人。

1973 年某矿务局某矿用汽车运送炸药,途中发生爆炸,死亡 4 人。

2. 井下运输

(1) 在井筒内运输——当爆破人员携带火工品乘罐笼上下井时,罐内不得超过 4 人,并严禁在交接班、人员上下井高峰时乘坐。

(2) 用电机车运输——装炸药和雷管的车辆以及与机车头之间,必须用空车隔开,行驶时速度不得大于 2 米/秒。1990 年四川某矿,井下用电机车运送 5 000 发雷管,超速行驶导致爆炸,死亡 17 人。

(3) 井下人力运输——药、管严禁装在同一容器内,雷管必须由爆破工亲自携带。1997 年某矿掘进爆破工领 6 千克炸药和 25 发雷管放在一个大包内, 脚线与失爆矿灯接触爆炸,爆破工死亡,3 人重伤。

（二）贮存

由于炸药和雷管都属于固有危险源，具有强烈爆炸危险性。因此，对井上、下药库的设计、库容、安全距离、防护措施等，必须符合国家有关规定。如：

井下药库：炸药库存量不得大于矿井3天的需用量。

雷管不得大于10天的需用量。

2008年山西某个体煤矿，超量、超时存放非煤矿许用劣质炸药，发生炸药燃烧事故，死亡34人。

（三）管理

每处生产矿井都必须建立健全火工品管理制度。

1. 持证上岗制度

库房管理人员、爆破工，属特种作业人员，要依法进行专业技术培训，并经考核合格，持证上岗。

1962年，某矿用未经安全培训的女工在井下药库发药，违章操作，引发爆炸，死亡4人，重伤4人。

2. 雷管编号管理制度

爆破工对号领管，有利于加强责任心和事故的查处。如：某矿务局对几个洗煤厂洗检出的雷管对号处罚了爆破工后，雷管丢失现象大为减少。

3. 计划领退制度

库房要建立台账,爆破工领、退均须到库房填写计划。当班未用完的雷管,爆破工必须亲自退库,严禁藏埋在井下或更衣箱中。

1995 年春节前夕,某矿务局对某矿爆破工的更衣箱进行突击检查时,查出多人共 123 发雷管没有退库,责任人受到了降级处分。

4. 电阻检验制度

药库在发管前要对其进行全电阻检查,不合格不准发放,这可减少瞎炮处理。

5. 丢失查处制度

火工品要严格管理,防止丢失造成对社会和国家安全危害。国内多家燃煤锅炉发生过雷管爆炸事故。某矿务局出口日本的精煤中多次发现雷管,对日本进行赔偿。某矿务局的化工厂发放出厂的数百发雷管丢失,公安部立为大案要案突击查处,追回后结案。

6. 药管销毁制度

对过期、变质炸药和瞎管,必须一律退厂销毁。

某矿对报废药管自行违章销毁——到淮河里炸鱼,发生延期爆炸事故,导致船毁死亡 3 人,其中一人是监督销毁的矿保卫科人员。

三、井下爆破

井下爆破,是本教案的重点。实现安全爆破,一是要做好准备工作,二是要按章操作,切忌违章爆破。

（一）爆破前要做好准备工作

1. 检查——爆破前要认真检查爆破地点的瓦斯、煤尘、支架、顶板、炮眼布置、炮泥填装、起爆器、母线等是否符合安全要求。

2. 警戒——是否按规定设好了警戒。

1990年,内蒙某地方矿井巷道贯通爆破时,警戒漏点,一炮崩死3人。

1989年某矿、1996年某矿,都因采煤工作面警戒漏堵各崩死1人。

3. 清理——要把爆破作业处的材料、工具等物品清理后方可爆破。

4. 保护——对炮崩范围内无法清理的管、线、设备、液压支架等要采取保护措施,防止崩坏。

1996年,某矿主胶带下山贯通爆破,震落吊挂管路,把50米外坐在巷帮休息的1名采煤工砸死。

（二）严格执行爆破作业的相关规定

1. 装配引药

必须在支架、顶板完好处，并避开电气设备和导电体。严禁用雷管代替木、竹棍扎眼。雷管必须从顶部全部插入药卷内。严禁将雷管斜插或捆在药卷上。

2002 年某矿，"三软"采煤工作面，将雷管斜插在水胶炸药中部，工人违章用矸石砍截炸药时爆炸，伤 3 人。

某矿，一采煤工用铁铲砍水胶炸药炮头，爆炸致残。

2. 装药

装药前要清除眼内粉尘，提倡正向装药，推广"彩带爆破"，控制好药量，炮泥按规定装填，必须使用水炮泥，严禁用煤粉或块状物当炮泥。雷管脚线要悬空，并扭结。

某矿因炮眼内煤粉未清理，曾多次发生炮窝着火事故。

1988 年某乡镇煤矿采煤工作面用煤末当炮泥，发生瓦斯爆炸，死亡 4 人。

1979 年某矿 331-4 采煤工作面，因封泥长度不够发生煤尘爆炸，死亡 39 人。

3. 联炮

联炮有串联、并联、混联等多种方式,可根据需要选用。爆破母线应随用随挂,并避开导电管线,距电缆不得小于 0.3 米距离。脚线连接可由经过专门培训的班组长协助,但母线与脚线连接、线路检查、通电工作只准爆破工一人操作。发爆器及其手把、钥匙必须由爆破工随身携带。

1985 年,某矿采煤工作面联炮人员未经过专业培训,与爆破工没有配合好,联炮时发生爆炸崩死 1 人。

1988 年某矿采煤工作面爆破,母线与电钻线接触,因电线漏电与母线裸露接头处产生火花,引发瓦斯爆炸,死亡 12 人。

2006 年,某地方煤矿爆破工缺勤,跟班队长爆破,把联炮的工人崩死,两人均属无证上岗。该矿被罚款 25 万元,并株连整个地区所有地方煤矿全部停产整顿。

2006 年 12 月,某地方煤矿,由于采煤工作面的爆破工是刚经过依法培训持证上岗的新爆破工,操作不太熟练,炮放得较慢,当班的采煤队长嫌他炮放得太慢,就令其到风巷运料,自己接过起爆器爆破。当第一炮放完后,违章操作,在一没有拔掉爆破手把,二没有把爆破母线从接线柱上解掉的情况下,就去联炮,联炮时炮响,发生了自己爆破崩死自己的奇特典型案例。

4. 要严格执行"一炮三检"和"三人连锁爆破"制度

一炮三检系指： 装药前、

爆破前、

爆破后必须检查瓦斯。

三人连锁爆破系指： 爆破工、

班长、

瓦斯检查工三人连锁

爆破工必须配备便携仪，并严格执行"一炮三检"。

"三人连锁爆破"系指，爆破前爆破工把"警戒牌"交给班长；班长要派人警戒，并把"爆破命令牌"交给当班瓦斯检查工；瓦斯检查工检查瓦斯不超标时，把"爆破牌"交给爆破工。当爆破工接到"爆破牌"并检查警戒人就位后，可发出起爆警号(吹哨)，之后至少再等5秒，方准起爆。放完炮后，"三牌"反向运行，物归原主，待下次再用。这实质上是"四人连锁"(见下图)。

严禁在一个采煤工作面内使用2台发爆器同时爆破。在采掘工作面爆破，其"母线应拉长度"要在作业规程中明确规定。

绘图题：请绘出"三人连锁爆破"示意图

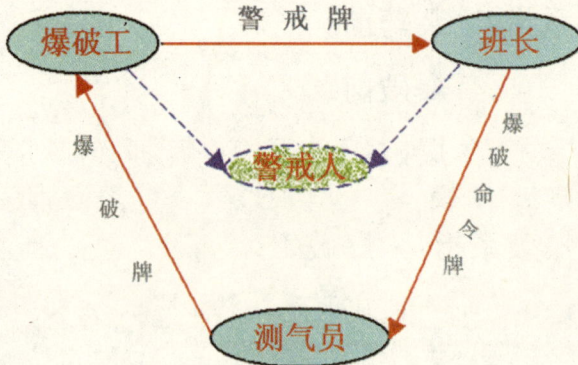

5. 验炮

验炮是安全爆破的难点之一，瞬发管爆破后待至少5分钟，延期管待至少15分钟验炮。验炮由爆破工本人认真进行，不得流于形式。掘进工作面要求将煤（岩）出完后，"清底"验炮交班，否则爆破工必须现场交接班，以免出"瞎炮"事故。

1997年、2004年某矿因验炮流于形式，两个掘进工作面瞎炮各崩死1人。

2005年某矿的掘进班长违章挖"瞎炮"，被炮崩死（见下图）。

某矿瞎炮事故示意图

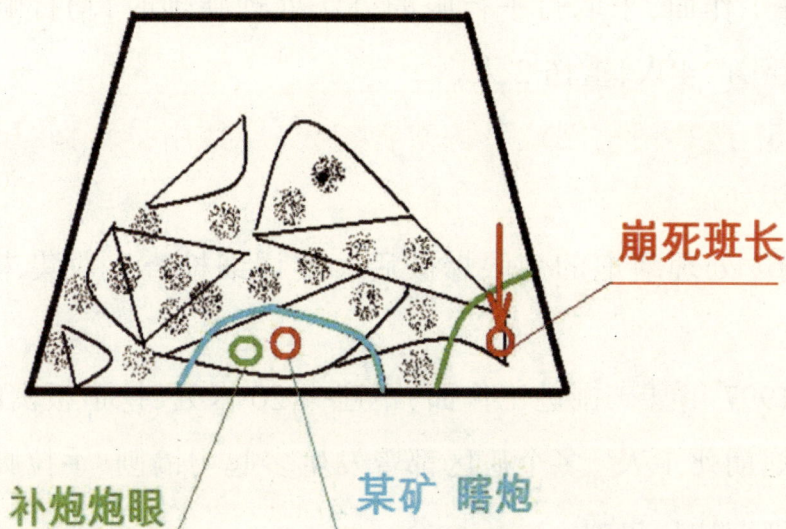

崩死班长

补炮炮眼　　**某矿 瞎炮**

6. 瞎炮处理

通电后,未爆炸叫"拒爆";未爆炸的炮称之为"瞎炮"。

"瞎炮"处理,是安全爆破的另一个难点,其处理要点是:

① 使用瞬发管时,要等至少 5 分钟,用延期管等至少 15 分钟后,方可去检查原因。

② 必须在班组长指挥下当班处理完毕,否则交班要交接清楚。

③ 若属联线不良,可重新连线起爆。

④ 可在平行瞎炮眼 0.3 米处打眼爆破处理。

1978 年江苏某矿、1980 年河北某矿、1984 年东北某矿的采、掘工作面，采取打平行眼的方法处理瞎炮时，均打响了瞎炮，共死亡 4 人，重伤 2 人。

⑤ 严禁用镐刨或手拉雷管脚线，严禁用打眼掏、压风吹等方法处理。

⑥ 处理瞎炮的炮眼爆破后，要详细检查，收集未爆炸药管。

1997 年某矿掘进工作面，距迎头 20 米处，挖道板窝时，挖响瞎炮崩死 1 人。多个矿区都曾发生多起用镐刨、手拉脚线处理瞎炮的伤亡事故。

7. 井下严禁放糊炮、明炮、空心炮

"糊炮"——系指不打眼，将炮泥直接糊在炮头上爆破，工人又称之为"万能炮"。

某矿井下割煤机滚筒变形，工人用糊炮处理。

在摩擦支柱工作面，当活柱"压死"后，也用糊炮处理，工人称之为"枪毙"。

某矿采煤工作面老腰巷的铁道用糊炮处理，一次崩伤 6 人。

某矿，1980 年和 1982 年，工人用糊炮崩采、掘工作面的石胆，均导致煤尘爆炸，分别死亡 55 人和 15 人。

2002 年黑龙江某矿，采煤工作面用糊炮崩大矸，引发火灾和瓦斯爆炸，死亡 14 人，伤 37 人。

明炮——是指将药管直接靠在物体上,不糊炮泥爆破。

1989 年甘肃、湖北乡镇煤矿放明炮,均引发瓦斯爆炸,分别死亡 10 人、18 人。

1994 年某矿掘进工作面放明炮,导致瓦斯煤尘爆炸,死亡 99 人,其中 37 名为女工。

空心炮——是指炮眼不装炮泥爆破。

1975 年山西某矿斜井房柱式采煤工作面,打 6 个眼,只有 2 个眼装了炮泥,4 个眼没有炮泥,通风不良爆破引起瓦斯爆炸,死亡 101 人。

8. 卡眼处理

井下煤眼、矸眼卡堵后,若一般方法处理不掉,用爆破方法处理时,必须采取以下安全措施:

① 卡眼处上下必须洒水灭尘。

② 认真检查瓦斯,20 米范围内瓦斯浓度不得大于 1%。

③ 必须使用煤矿许用四级刚性被筒炸药。

④ 一次最大装药量不得大于 450 克。

1986 年,某矿用被筒炸药处理卡眼,一次超量捆 12 个,导致火灾事故,死亡 16 人。

1989 年,新疆某矿用爆破方法处理煤眼卡堵时,未使用被筒炸药,导致煤尘爆炸,死亡 17 人。

某矿水煤卡眼后,用爆破方法处理,工人透不开,矿井总工程师亲自下井组织透眼,水煤溃出,因距爆破点安全距离不够,包括矿井总工程师在内死亡 5 人。

9. 采掘工作面有下列情形之一者,均不准装药爆破。

① 风量不足——要严格执行以风定产。

② 瓦斯处于临界或超限——工作面进、回风,工作面风流,上隅角等,均不得超限。

③ 悬控顶距离超过,支架损坏。

④ 通风断面不够——巷道断面堵塞大于 1/3 或小于原设计 2/3。

⑤ 炮眼内发现异常——如涌水、高温、透老空等。

⑥ 炮泥未按规定填装——眼深 0.6~1 米时,封泥不小于眼深的 1/2;眼深大于 1 米时,封泥不小于 0.5 米;眼深大于 2.5 米时,封泥不小于 1 米;等等。

2008年7月，陕西某年产400万吨的地方国有现代化基本建设低沼矿井，为了眼前的利益，在通风系统还未形成、无证照的情况下，综采工作面用两台局扇通风进行生产，到事发时该矿已出煤五万吨。当局扇停电，工作面处于无风的情况下，实施初次强制放顶，打36个眼，装1 800千克炸药。放炮发生炮烟熏人事故后，该矿既未及时汇报，又未招请矿山救护队抢救，令一名副经理组织三批本矿没有经过依法培训职工，下井抢救，他们连自救器都不会用，包括这名副经理在内，死亡18人。

10. 自由面——使"爆炸能量"能向空间充分释放的煤岩体表面。

爆破时自由面增加，可以提高爆破效果。

11. 抵抗线——从炸药重心到自由面的距离。

《煤矿安全规程》规定：在煤层中爆破，最小抵抗线不得小于0.5米，在岩层中爆破，最小抵抗线不得小于0.3米。

12. 关于《煤矿安全规程》掘进工作面爆破条款的执行问题有：

对掘进工作面，"……不能全断面一次起爆的，必须采取安全措施。"除采取常规的安全措施外，重点强调以下三点：

一是采取分期打眼、分期装药、分期爆破方法。

二是严格执行"一炮三检"，重点检查"爆破漏斗"内的气体。

三是洒水灭尘(含爆破漏斗)。

1996 年某矿业集团的两个矿井，因局部通风管理不善，未执行"一炮三检"，掘进工作面违章进行二次爆破时，均引发瓦斯燃烧事故，导致了严重后果。

教案 9

矿井水害防治

矿井水害防治

水害是矿井的五大自然灾害之一，也被"特别规定"列为15类重大隐患之一。

《煤矿安全规程》第二百五十二条，要求水文地质条件复杂的矿井必须建立地下水动态观测系统，进行水害预测预报，并制定"探、防、堵、截、排"五字综合防治措施。

探——采用物探、钻探、化探等手段，探明水文地质情况。

防——在地面构筑防水设施，井下采取防水措施。

堵——主要是井下采取注浆堵水、加固裂隙、加固顶底板等措施。

截——留设安全防水隔离煤岩柱、帷幕注浆堵截等措施。

排——打钻排放，疏水降压等措施。

水害防治，必须坚持"有疑必探、先探后掘、有水必治、先治后采"的十六字原则。

并采取超前探查、预测预报、优化设计、综合防治的方法。

实现不突水、不淹面淹井、不伤人的三大目标。

我国是世界上水害事故严重的国家之一。

据统计，全国煤矿 1956~1986 年 30 年间共发生淹井事故 222 起，开滦、焦作、肥城三个局相继发生过淹井事故。淮南、淮北、皖北都发生过突水淹井事故。

从建国到 1995 年间，在全国煤矿发生一次死亡 3 人及 3 人以上事故中，水害事故仅次于瓦斯和顶板事故，位居第三，平均每次死亡 7.06 人。

而安徽全省煤矿，自 1949 年新中国成立到 2003 年间，在一次死亡 3 人及 3 人以上的事故中，水害事故占 16%，仅次于瓦斯(44%)和顶板(26%)事故，亦居第三位。

安徽省煤矿水害事故比重图

（1949~2003 年）

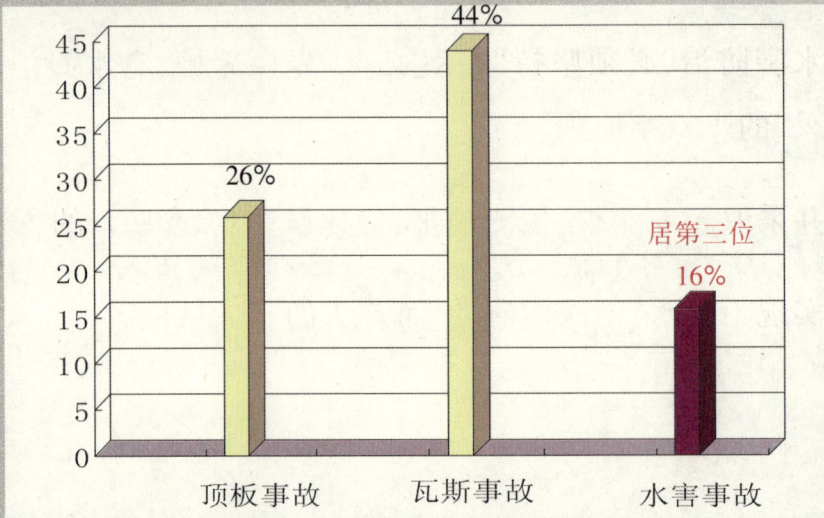

全国煤矿"十五"期间，在一次死亡 10 人和 10 人以上的事故中，水害事故 49 起，死亡 957 人，分别占 19% 和 16%，仅次于瓦斯事故，居第二位。

全国煤矿较大水害事故比重图

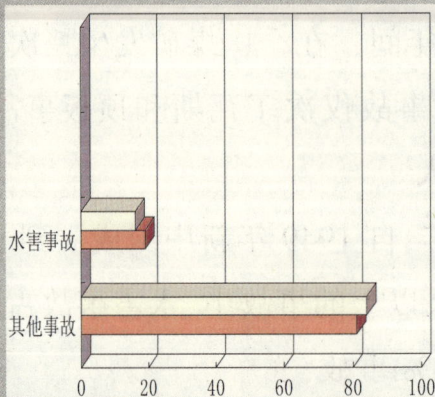

2005 年河南某矿发生特大突水事故, 死亡 42 人。

据国家安全生产监督管理总局网站和媒体报道:2007 年全国煤矿发生较大及以上事故 167 起,死亡 1 237 人。其中:水害事故 28 起,占 16.77%;死亡 214 人,占 17.3%,双居第二位。

水害防治,任重道远。

以下就矿井水害防治的相关问题,讲几点意见:

◆ 水害事故的特点和规律

◆ 矿井突水事故原因

◆ 矿井水害防治技术

◆ 掘进探放水施工

◆ 井下发生透水事故时,现场人员行动原则

◆ 水害事故处理要点

◆ 案例分析

一、水害事故的特点和规律

（一）按水源分

水害事故，按水源分为地表水害事故和地下水害事故两大类。

据统计，地表水害事故相对较少，约占 10%。

新中国成立之前，1935 年，某矿掘进工作面遇大导水断层冒顶，把地面珠龙河的水导入井下，一次死亡 536 人，成为我国和世界水害事故之最。

1987 年，某民营煤矿非法开采防水煤柱，把地面塌陷区积水导入井下，导致 12 人死亡，并殃及相近的国有重点矿井停产数十日。

而地下水害事故占 90%，其危害性更大。因此，地下水害事故防治，是矿井水害防治的重点。

水源事故分类比重图

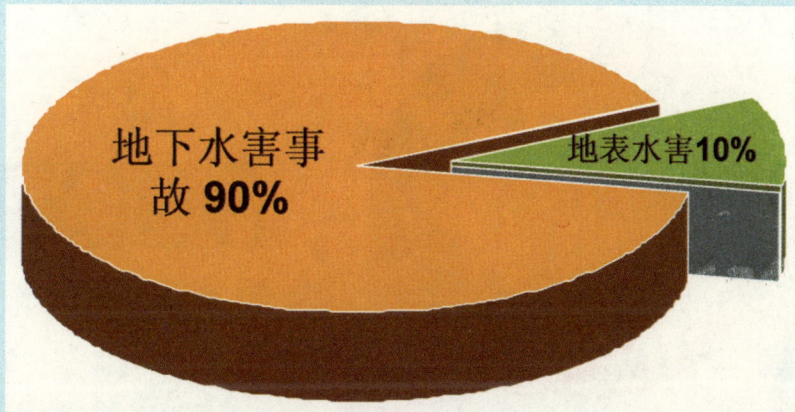

地下水害事故 90%

地表水害10%

（二）按水的性质分

据统计，自新中国成立到 1995 年间，全国煤矿发生"老窑和采空区积水"突水事故起数和死亡人数，在一次死亡 3 人及 3 人以上的水害事故中，分别占 66% 和 70%，双居第一。

多年来，民营煤矿、国有重点矿井，频频发生突水事故，伤亡惨重。

2005 年某民营煤矿，证照不全，非法开采，发生突水事故，死亡 121 人。

因此，对"老窑和采空区积水"的防治是矿井水害防治的关键。

较大水害事故类比图

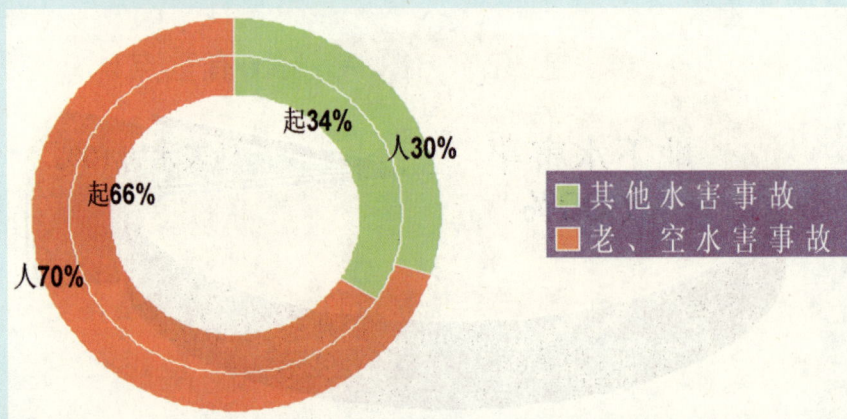

起34%　人30%

起66%

人70%

其他水害事故
老、空水害事故

（三）按突水地点分

据统计,掘进工作面突水次数和死亡人数,分别占较大水害事故的 55% 和 66%,亦双居第一。因此,掘进工作面是矿井水害事故的"多发地点",要严加防范。

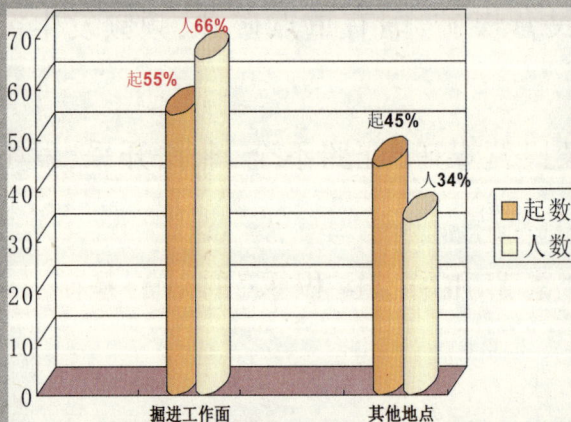

人66%

起55%

起45%

人34%

起数
人数

掘进工作面　　其他地点

（四）按矿井性质分

地方煤矿的水害事故，远高于国有重点矿井。

据不完全统计，全国煤矿 1988~1990 年 3 年间，共发生一次死亡 3 人及 3 人以上的较大水害事故 121 起，死亡 850 人，其中：地方煤矿 116 起，死亡 818 人，是国有重点矿井起数的 23.2 倍，人数的 25.56 倍。

因此，地方煤矿的水害防治是全国煤炭行业水害防治的重大薄弱环节，亟待加强。

从客观上讲，地方煤矿资源条件差，技术装备落后，加之职工素质不高等原因，水害事故多是必然的。但我们也必须正视，地方煤矿在水害的认识上、管理上、态度上与国有重点矿井相比，有较大差距，这也是水害事故多发的重要主观原因。

据调查，多数地方小矿，没有正规的"探放水设计"，所以水害事故频发。

虽然国有重点矿井在技术上、装备上、管理上、职工素质上，都远远优于地方煤矿，但水害事故仍没有得到有效控制。

究竟是什么原因，下边讲第二个问题。

二、矿井突水事故原因

综上所述,国有重点矿井和地方煤矿,较大突水事故频频发生。

究竟原因是什么？教训在哪里？

其宏观原因主要有三：

※ 有水源

※ 有通道

※ 有诱导因素

具体地说有以下几点：

① 水文地质条件不清。

② 防治措施不力。

③ 执行措施不严。

④ "三违"导致突水。

⑤ 职工素质差,对透水预兆不熟悉,思想麻痹等。

⑥ 对安全技术培训工作不到位。

三、矿井水害防治技术

矿井水害防治技术包括：

① 矿井水文地质条件探查。

② 水害评价。

③ 水害治理。

本教案主要对矿井水害防治技术的相关问题进行阐述。

（一）留设安全防水煤(岩)柱

对那些有突水危险又不宜疏排的，可采取留设安全防水煤(岩)柱的措施解决。如：地表水系、导水大断层、采空区积水、老窑水、水患老钻孔等。

"三下开采"，是指在铁路下、水体下、建(构)筑物下开采。必须按《煤矿安全规程》的规定履行报批手续，并留设足够的安全煤(岩)柱。

对地表水系或顶板含水层留设的安全煤(岩)柱，要经科学计算，必须弄清"上三带"(冒落带、裂隙带、弯曲下沉带)高度，留有足够的安全系数。

（二）疏排开采技术

对那些有水患威胁但处理难度不大，又具备疏排条件的，可采取先疏排，消除水患威胁后再开采的措施。

如：地面积水、煤层顶底板含水层、采空区积水、老窑水等，可采用钻排、泵排、巷排等综合疏排方法。

若采取疏水降压方法开采时，要按《煤矿安全规程》的规定，制定安全措施，报煤炭企业主要负责人审批。要把承压含水层的水头值，降到隔水层能承受的安全水头值以下，同时对底板采取注浆加固，并检验其加固效果，合格后方可开采。

2005 年某国有矿井的综采工作面，对底板灰岩水采取了疏水降压、底板注浆加固等综合防治措施后，未检验其加固效果，结果当工作面推到断层薄弱带时，发生了突水事故，教训深刻，应引以为鉴。

（三）带压开采技术

当煤层底板承压含水层与开采煤层之间的隔水层，能承受的水头值大于实际水头值时，可以"带压开采"，但必须按《煤矿安全规程》规定，制定安全措施，报煤矿企业主要负责人审批。

若采用"带压开采"时，必须弄清"下三带"高度(底板导水破坏带、承压保护带、承压水导高带)情况，并采取疏排降压、底板注浆加固、效果检验等综合措施，以确保安全开采。

1989年某国有煤矿矿井的综采工作面，对底板灰岩水采取了疏水降压、底板注浆加固等综合防治措施后，未检验其加固效果，当工作面推到断层薄弱带时，发生了突水淹井事故。停产1年，花了1.6亿元，才恢复生产。

带压开采煤层柱状图

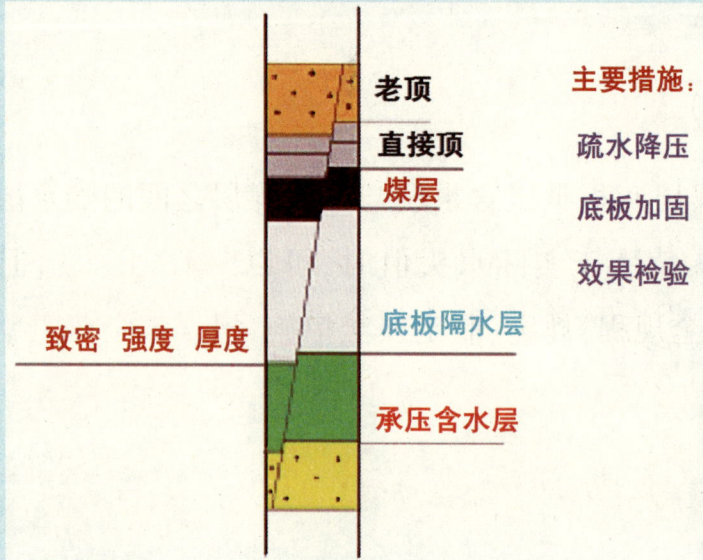

老顶

直接顶

煤层

致密　强度　厚度

底板隔水层

承压含水层

主要措施:

疏水降压

底板加固

效果检验

(四) 探放水施工

在开采过程中,若对水文地质条件、水害情况不清楚,必须按《煤矿安全规程》规定　,坚持"有疑必探、先探后掘"的探放水原则,并编制探放水设计和安全措施。

开采水淹区下的废弃煤柱时,要按《煤矿安全规程》规定,制订安全措施,报煤矿企业技术负责人审批。

由于探放水施工是重要的"事故多发点"之一,后续专题详述。

（五）注浆堵截水技术

对那些有水力联系和补给通道的水害源区，技术上可采取注浆堵塞通道、帷幕截源、加固岩层等措施，以达到消除水患的目的。

（六）其他措施

如：从矿井设计上使井口和工业广场的标高高于当地历史最高洪水位；采取地面水系改道、井下设置水闸门和"应急排水系统"等措施。

四、掘进探放水施工

掘进探放水施工，是掘进施工的主要"事故多发点"之一。总的要求是严格执行《煤矿安全规程》中"有疑必探，先探后掘"的探放水规定，并必须撤出探放水点以下的全部人员。

具体说，有以下安全注意事项：

（一）首先要弄清水害情况

如：要弄清水源、水量、水压、性质、气体、排放条件等情况。上述资料均由矿井地测部门和总工程师，在地质说明书中给施工单位一个"定性、定量"的明确交代，否则施工单位可拒绝编制规程、设计，拒绝施工。

凡有条件排放的，一定要先排放后施工。

1991年某矿探煤层上山贯通施工时，本应对上部40米积水的下山部分先排放，后贯通。但该矿图省事，没有安排巷修、排水，而采取了探放水施工方案，结果发生突水事故。突水的瞬间，6人避开水头，闪入躲避硐，逃过一劫；向下逃的2人被水冲倒，溺水死亡(见下图)。

某矿掘进工作面突水事故示意图

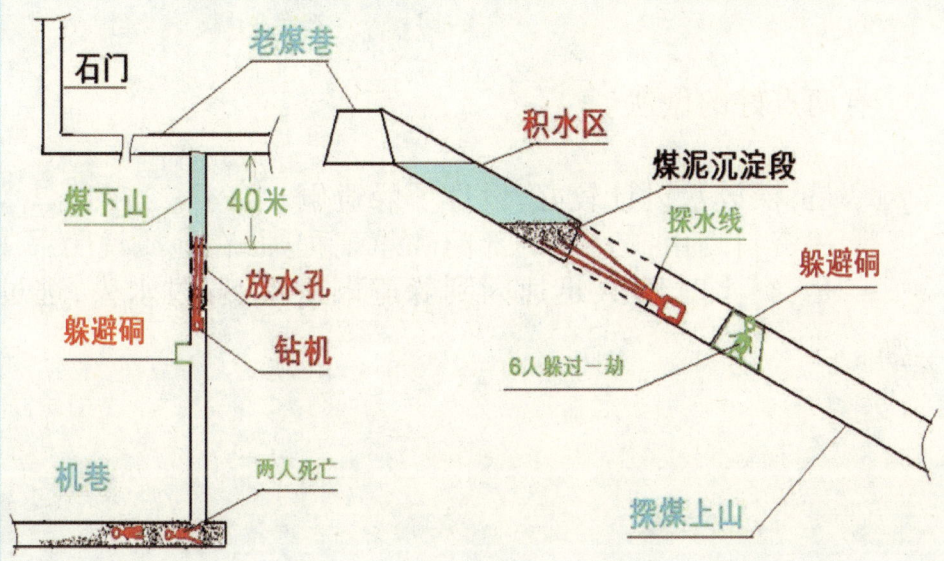

从上图可见，该矿发生的突水事故存在**教训和好的做法，都值得借鉴**：

教训一，有条件排放而未先排放，导致突水。

教训二，下山迎头沉淀的煤泥，锁堵了探水钻孔，所以3个孔都打透了探煤下山，都未出水。

教训三，职工缺乏安全培训，素质差，当工作面淋水逐渐增大，有明显突水预兆时，没有停工撤人。

教训四，有躲避硐，2人不知躲避，而向下跑，被水头冲倒，溺水死亡。

有**两点好的做法**：

一是，探放水设计较好，设计了躲避硐。

二是，突水时，6 人迅速闪到躲避硐避灾，躲过水头，逃过一劫。

（二）要严格控制"探水线"距离

所谓探水线，系指探放水施工时，所留设的"安全防水煤（岩）柱"的起点线。

炮掘距探水线 **20 米前**，机掘距探水线 **50 米前**，地测部门要下达《探放水通知书》，施工单位接到通知书后，要认真执行"探放水设计"，不得超掘安全防水煤（岩）柱。

1997 年，某矿因未下达探水通知书，掘进工作面突水，死亡 5 人。有关责任人受到了查处。

（三）要编制正规、"专题"探放水设计和安全措施

在打钻探放水时，设计人员要跟班到现场检查、指导、监督探放水工作，发现问题及时处理。

（四）搞好疏排系统

水沟、泵房、供电等均要满足探放水要求，提高抗灾能力，使之既不影响生产，又不得造成淹面、淹井等灾害。

（五）要向职工认真贯彻"透水预兆"

掘进工作面透水预兆：

主要有——煤（岩）体变潮，

炮眼向外渗水，

顶帮出现淋水，

并有增大趋势。

还有迎头空气变冷，有时出现水雾，巷道和支架挂红、挂汗，有时水有异味或混浊，巷压增大等现象。

241

（六）对透水预兆的**处理原则**

当掘进工作面发现主要透水预兆时，跟班的科区长、班队长应按以下**3 条原则**处理：

① 立即停工，停掉负荷电，不得停局部通风机，撤人，警戒，向矿调度室和本单位汇报。

② 若撤人后未透水，1 小时后可组织瓦斯检查工、安检员、班队长 3 人小组，到迎头观察、记录，再汇报。在此强调指出，不论当班透水与否，绝不得复工，更不得跑返作业。

③ 由矿井总工程师，专题重新研究该面的施工方案和安全措施。

（七）区队干部应跟班

由于探放水施工是掘进施工的主要事故多发点之一，要求在探放水时，区队干部跟班。

只要把以上措施和安全注意事项落实到实处，掘进探放水是完全可以实现安全施工的。

五、井下发生透水事故时，现场人员行动原则

井下透水事故发生时，现场人员应视具体情况决定行动方案。

首先要判断突水地点、原因、水源、危害程度等情况，并立即向矿调度室汇报。

应针对以下不同情况，分别采取相应的行动原则：

1. 若灾情清楚，涌水量不大时，在不威胁现场人员安全的前提下，可采取现场救灾措施，抢运设备，减少灾害损失。当灾情变化时，应迅速撤离。

2. 若灾情不明，水势较大时，应组织现场人员，按避灾路线，立即逃生。

3. 若灾情不清，水势凶猛，又堵住了撤退路线时，应立即就近撤离到高处避灾。

在此强调指出：

■ 撤退时,在正常情况下,应按避灾路线,向上山方向和通风巷道撤退。

■ 应注意尽可能避开水头和主流,并防止被冲倒、绊倒。

■ 若情况万分危急,撤退后路被切断时,可暂到就近较高的硐室或上山巷道内避灾。

2002 年,某矿煤层上山掘进突水时,水量虽然不大,但水头较猛。

当班出勤7 人,他们急中生智,班长立即双手双脚扣住棚梁,悬空身体;有的工人抱住棚腿,躲开水头,逃过一劫。

而跟班副队长向下跑,被水头冲倒,溺水死亡(见下图)。

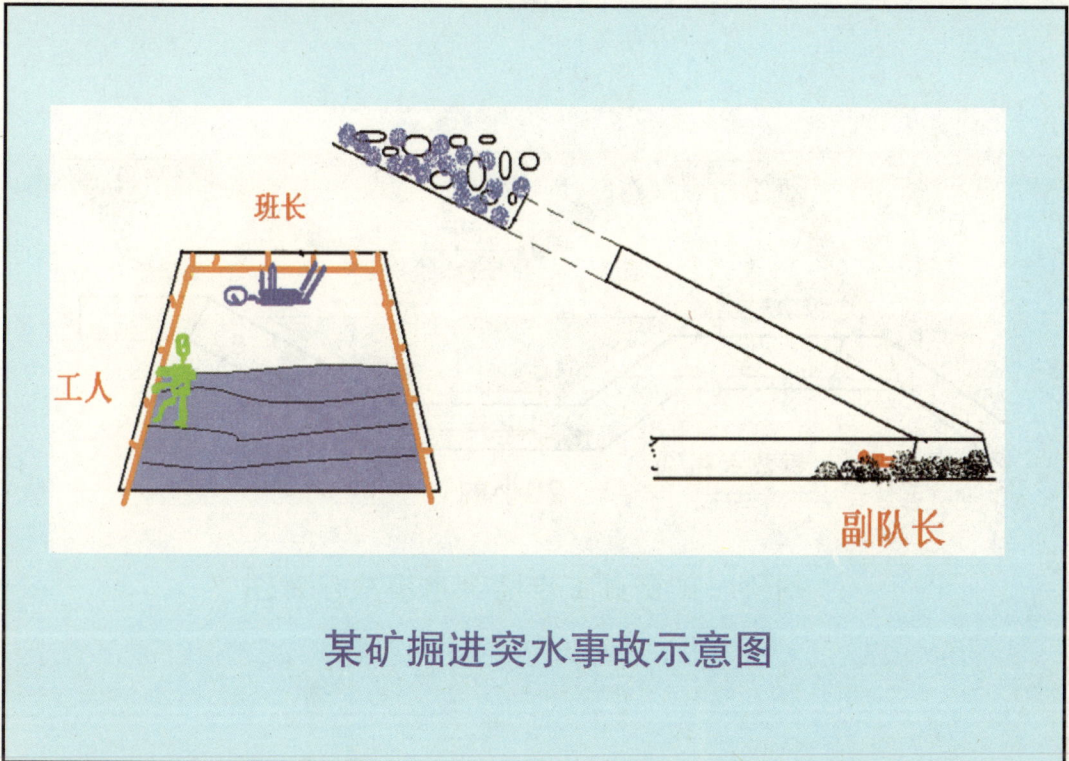

某矿掘进突水事故示意图

1995 年,某国有矿井,风巷掘进工作面,在后路约 30 米低洼处,突透上一阶段采空区积水,水量很大,凶猛异常,瞬间涌水切断了后路,水位逐渐上升,迎头 6 名施工人员被堵。一名进矿只三个月的新工人孟某,心理素质差,不听陈队长等人劝阻,强行盲目潜水逃生被淹死。陈队长素质较高,临危不惧、头脑清醒,叫大家不要盲目潜水;他率领 5 名工人,迅速退回到较高的迎头内避灾,只开一盏矿灯,并开压风自救。当水位上升到距迎头还有 8 米时,停住了。水从外段联络巷泻入大巷,瞬间淹没了双道。经 20 多小时排水抢险,陈队长 5 人奇迹般获救。

由于陈队长事发后沉着冷静,选择的避灾方法和自救措施完全正确,才使 5 人安全生还。为此,该矿务局嘉奖陈队长 6 000 元奖金(见下图)。

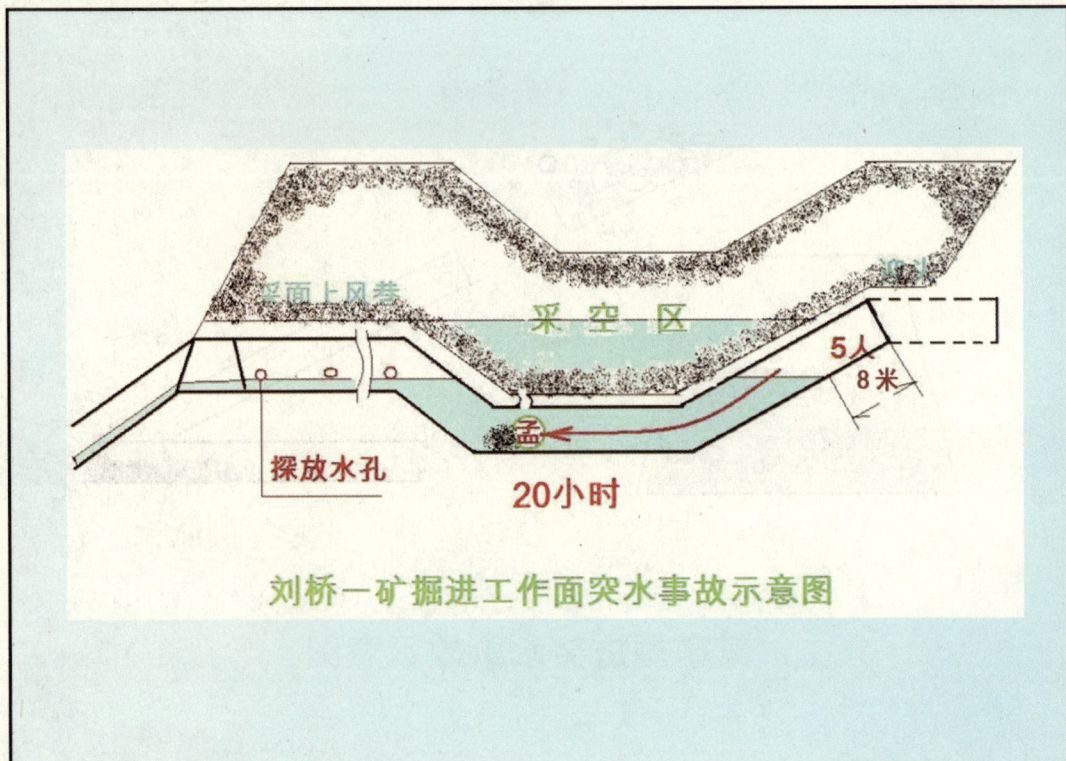

刘桥一矿掘进工作面突水事故示意图

六、水害事故处理要点

突水事故发生后,抢险指挥部在制订抢救方案时,**应遵循以下要点**:

★ 迅速**判定**突水地点、突水原因、水害的性质、补给水源及通道等情况,采取针对性措施。

★ **分析**灾区范围、灾害程度、事前人员分布及遇险人员可能躲避的地点。

★ 加强**通风**,防止有毒有害气体积聚、熏人。

★ 矿井压风系统,要确保正常运行。

★ 加强**支护**,防止冒顶伤人。

★ 严防形成的"**堆积坝**"导致"**二次溃水**"。

　　1981 年 1 月 17 日,东北某国有重点矿井在东四采区岩石回风上山贯通施工时,发生透水事故。下方距突水点 100 米远形成了"堆积坝",不但埋堵 5 人,而且又堵塞了泄水通道。在事故处理过程中,"堆积坝"溃决,发生"二次溃水",把抢救人员又埋进 26 人。该事故共死亡 20 人,伤 11 人(见下图)。

某矿 1.17 掘进突水事故示意图

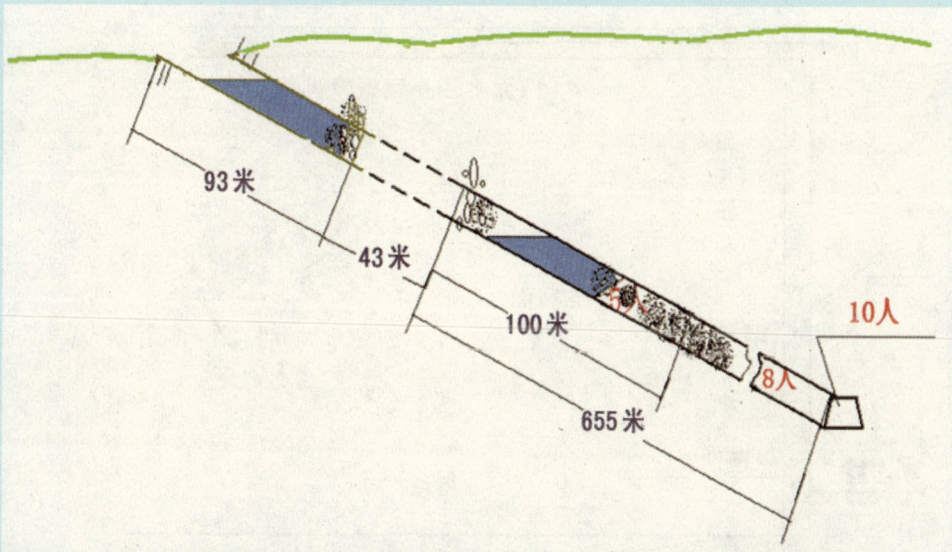

93 米

43 米

100 米

10 人

8 人

655 米

1976年8月15日,某国有矿井,煤层上山掘进发生突水事故。上山下口向上一段形成了"堆积坝",埋堵7人,又堵塞了泄水通道(见下图)。

事发后,该矿一位副书记和一位副矿长在现场指挥抢救。当清理完机巷,到上山下口时,两位领导很慎重,因怕"堆积坝"溃决,采取了远距离爆破措施。当放两炮没有崩开时,就错误地决定采取"人海战术",用铁铲向上山倒扒清淤。在抢救过程中发生了"二次溃水",又将事故抢救人员埋压26人,结果共造成19人死亡,重伤10人,轻伤4人。

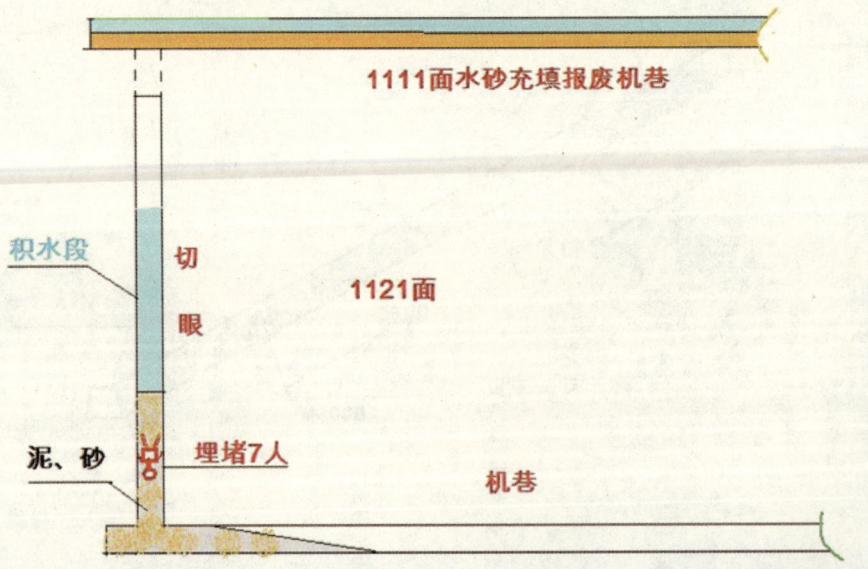

某煤矿8.15掘进突水事故示意图

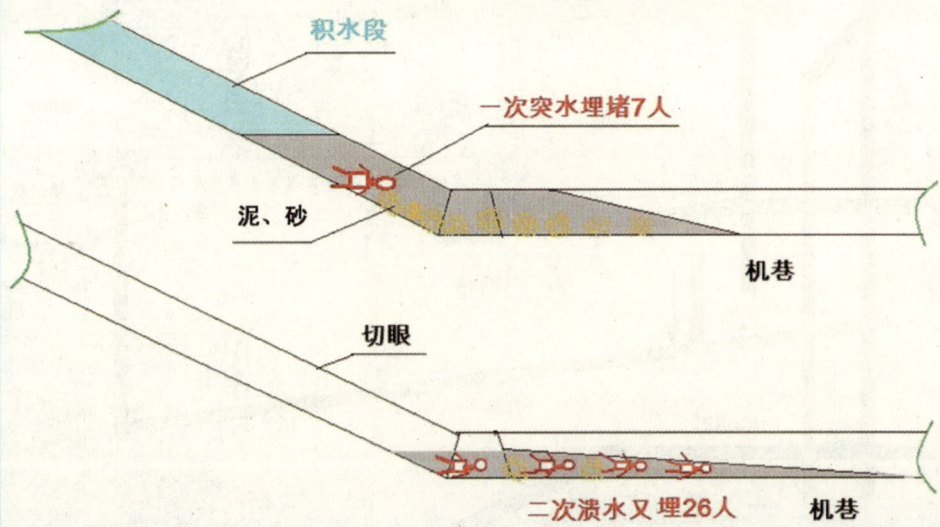

某煤矿突水事故剖面图

七、案例分析

某矿掘进工作面透水事故(见下图)。

(一) 事故概况

- 时间——1989 年。

- 地点——10210 风巷。

- 性质——透水。

- 伤亡——死亡 9 人。

某矿掘进工作面突水事故示意图

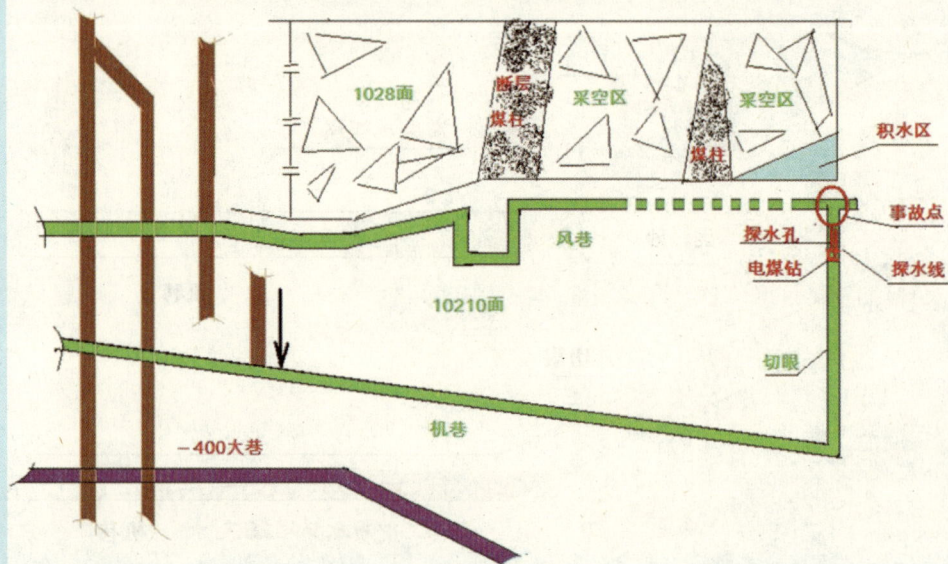

1028面 断层 煤柱 采空区 采空区 积水区 煤柱

风巷 探水孔 事故点 探水线 电煤钻

10210面 切眼

机巷 −400大巷

10210面机巷、切眼剖面图

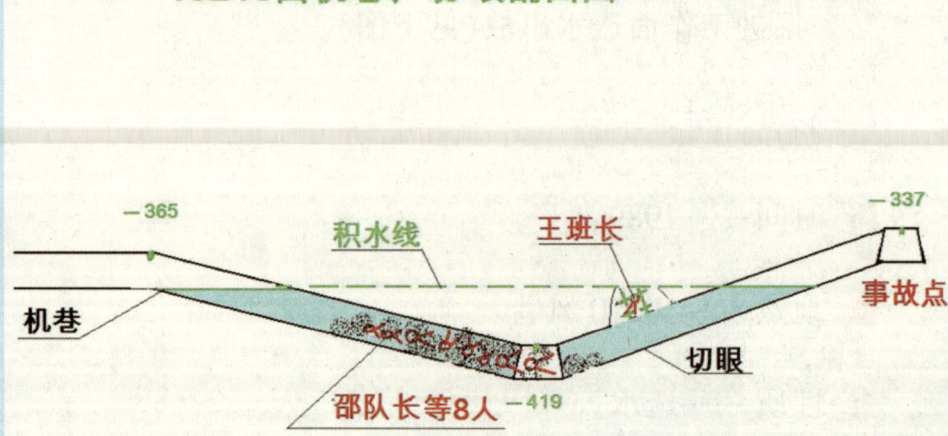

−365 积水线 王斑长 −337

机巷 事故点 切眼

邵队长等8人 −419

（二）事故经过

据地质资料提供，该风巷上边是上阶段采空区，"可能有积水，希望施工注意安全"。掘进施工单位，对此隐患重视不够，没有编制专题正规探放水设计。当切眼掘到"探水线"后，只是停头用电煤钻"象征性"地打了3个探水眼，没有出水，就误认为无水，又恢复施工。

当风巷掘进10米时，早班（事故班），切眼上口与风巷的交叉点处，出现较大"淋水"。一个新工人（因其叔是老工人）看到淋水现象后，就安全问题向班长提出质疑，王班长很自信地认为"没有水，掘进头有点淋水是正常现象"。

到9时50分左右，邵大队长来迎头（掘进工作面）检查，这位新工人又向他质疑："我看此处的淋水比刚才还大，会不会有问题？"邵大队长和王班长是同一个老师培训的，说法完全一样，说过就进掘进工作面抓进尺去了。此时淋水越来越大，突然发生了透水事故，这位新工人边跑边喊"透水了"。切眼下部的一位接管工正扛管上行，听说突水，转身就逃。

结果只有这位新工人和接管工两人逃脱、王班长，邵大队长等9人全部遇难。

（三）事故原因和教训

1. 地质资料含糊，技术措施不力，没有认真进行探放水，是发生透水事故的重要原因。

2. 发现明显透水预兆，没有立即停工、撤人，班、队长违章指挥冒险作业，是这次事故的直接原因。

3. 职工安全意识不强，对透水预兆不熟悉，思想麻痹，没有行使《煤矿安全规程》赋予职工的"三大权力"，拒绝王班长和邵队长的违章指挥行为，也是发生这次事故的重要方面。

这次事故不是不可避免的，其教训沉痛，今后探放水施工时，应认真落实前述有关安全措施，避免同类事故再次发生。

（四）防范措施

为上述 1~7 条，此略。

教案 10

矿井火灾防治

矿井火灾防治

　　火灾事故是矿井的五大灾害之一，也被国务院《特别规定》列为 15 类重大隐患之一。火灾事故会产生大量的 CO，CO 是无色、无臭、无味、极毒的气体，当 CO 浓度达到 0.4%时，就可使人在短时间内中毒死亡。事故教训表明，在火灾事故中，95% 以上的死者系 CO 中毒死亡，因此在处理火灾事故时，应严加防范 CO 伤人。

　　矿井火灾，按发火原因分为内因火灾和外因火灾两大类。

　　以下就矿井火灾防治的相关问题分三部分阐述如下。

◆ 矿井内因火灾防治

◆ 矿井外因火灾防治

◆ 事故案例

一、矿井内因火灾防治

（一）定义

所谓内因火灾，是指煤层本身有自燃性，加之开采技术因素影响导致煤层自燃、着火的现象，叫做"内因火灾"。

（二）煤层自燃条件

煤层自燃必须同时具备以下三个条件：

（1）有大量的可燃性碎煤。

（2）有充分的供氧和蓄热环境条件。

（3）持续时间达到或超过煤层的自然发火期。

若三个条件同时满足，将必燃无疑，否则不会自燃。

（三）煤层自燃预兆

煤层自燃的主要预兆有"三大异常现象"：

气味异常——巷道中出现煤油、松香、恶臭等异味。

现象异常——巷道里出现水雾，顶、帮、支架挂汗。

感觉异常——巷道里出现高温，人感到闷热、头昏、疲劳等现象，均为煤层自燃预兆，应及时处理。

（四）煤层自燃大体可分为三个阶段：

■ 潜伏期

■ 自热期

■ 燃烧期

（五）煤层自燃的特点

■ 隐蔽性

■ 持续性

■ 预知性

■ 灾变性

■ 处理时间长

■ 处理难度大等

因此对矿井内因火灾，要早发现、早控制、早处理。

1977 年某矿，煤层自然发火，在处理过程中发生灾变，引发瓦斯连续爆炸，死亡 83 人，伤 35 人，封闭了 5 个采煤工作面，长达半年之久。

（六）防止煤层自燃的主要技术措施

1. 合理选择开拓方案和采煤方法。

2. 减少煤柱和浮煤丢失。

3. 实施预防性注氮、注浆。

4. 采后及时封闭。

5. 减少采空区漏风。

6. 加强自燃监测。

7. 对高温点早期采取注浆、注氮、均压通风等技术加以控制等。

二、矿井外因火灾防治

（一）定义

所谓**外因火灾**，系指人为因素引发的火灾，即外部热源引发的火灾称之为外因火灾。

（二）类型

矿井外因火灾，按性质大体可分为：

■ 电气明火

■ 机械运行火灾

■ 爆破着火

■ 其他火灾等

（三）特点

矿井外因火灾具有以下特点：

- ※ 突发性
- ※ 灾变性
- ※ 蔓延迅速
- ※ 易于失控
- ※ 易于产生"火风压"，造成风流紊乱、风流逆转等

若处理不当将会造成严重后果。

"火风压"——系指当井下发生火灾时，高温烟流流经有高度差的井巷所产生的附加风压。

（四）危害

外因火灾比内因火灾事故危害更大。

据统计，全国煤矿 1949~1995 年间，在发生一次死亡 3 人及 3 人以上的火灾事故中，外因火灾占 79%，而内因火灾只占 21%（见下图）。

矿井较大火灾事故分布图

内因火灾21%

外因火灾
79%

■ 外因火灾事故
■ 内因火灾事故

　　某矿务局亦如此，自建局至 2008 年间，曾发生矿井火灾事故数十起。

　　在处理内因火灾时没有发生过人员伤亡，而在处理外因火灾时，曾发生 5 起死亡 42 人 的较大伤亡(见下表)。

某矿务局较大火灾事故一览表

时间(年)	单位	地点	性质	死亡	备注
1949~2007	矿务局		火灾	42	共5起
1962	某矿	采区	电缆着火	13	生、通、工
1974	某矿		电缆着火	8	
1982	某矿	胶带机巷	胶带着火	3	
1983	某矿	集运巷	胶带着火	15	
1996	某矿	掘进面	瓦斯燃烧	3	救护队员

1961年某矿电容器爆炸着火，死亡110人等。

1990年黑龙江某矿，新皮带下山安装，电焊引发皮带燃烧，一次死亡80人。

据网站查询和媒体报道，2007年全国煤矿发生较大火灾事故7起，死亡73人。

2008年7月河北某地方煤矿，井下发生炸药燃烧火灾事故，死亡35人。

矿井外因火灾危害大，而且不同性质的火灾，其发生原因、火点位置、火势大小、处理方法、防范措施等各不相同。那么矿井外因火灾事故发生后,应如何正确处理呢?

(五) 矿井外因火灾事故处理原则

不同性质的外因火灾,其处理原则基本相同。在处理矿井外因火灾时,除按有关"程序"处理外,应遵循以下基本原则:

■ 事故灾区应立即采取停电、撤人、警戒措施。

■ 立即组织现场人员实施直接灭火。

■ 迅速成立指挥部,尽快命令第一救护队,赴灾区执行三项任务。

■ 贯彻先救人后灭火或灭救并举原则。

■ 要始终注意,先控后灭和防变原则。

■ 实施灾变应变原则,必要时应急处理。

1. 事故灾区(回风系统、相关区域)应立即采取停电、撤人、警戒措施

此条应作为第一措施,不要等矿领导或指挥部下达命令,现场人员应立即实施,越快越好;同时立即启动应急预案,以免事故扩大。执行时注意以下两点:

(1) 在处理局部通风条件下外因火灾事故时,只停负荷电,不得停局部通风机。

(2) 人员撤退,应组织好,统一指挥,按避灾路线有序撤出灾区。

1984年6月12日,内蒙某高瓦斯矿井,掘进工作面爆破着火后,由于施工队是外包队,素质较差,既没有实施直接灭火,又没有向矿上汇报,发现火灾他们自己先逃离,失去了早期控制火势的战机。

当主要通风机抽出浓烟时,该矿误判为井下电缆着火,下令切断井下电源。火灾掘进工作面的局部通风机也停止了运行,在处理火灾过程中,发生瓦斯连续爆炸,历经9个小时,死亡9人。

某矿"6.12"火灾事故示意图

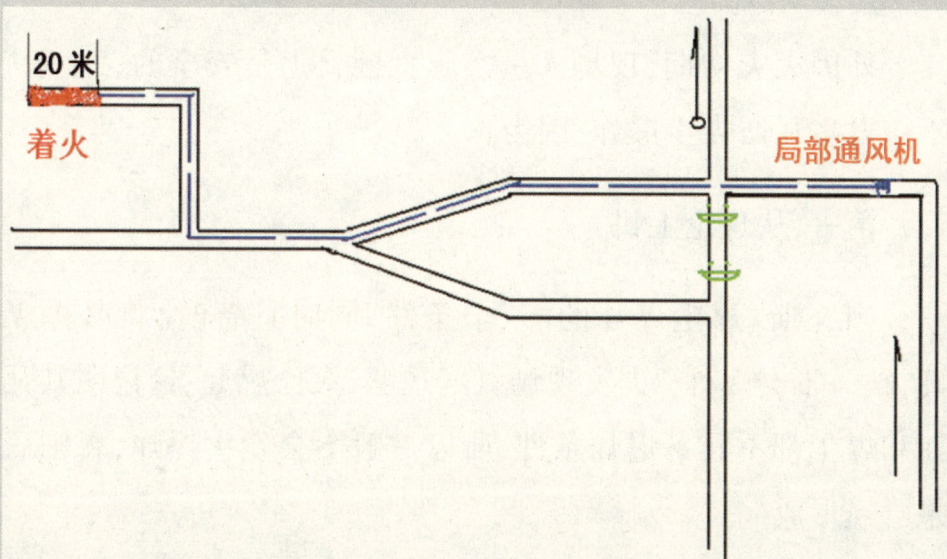

2. 立即组织现场人员直接灭火

这是本教案的"难点"。1996 年安徽某两个突出矿井先后发生掘进工作面瓦斯燃烧事故,施工人员因怕灾变爆炸,都早期逃离了现场,失去了早期控制火势的战机,导致了严重的后果。

外因火灾初期,现场人员实施直接灭火是安全的,"一般"不会发生瓦斯煤尘爆炸。以下就从理论和实践两方面阐述其安全性:

（1）安全性

外因火灾初期,现场人员实施直接灭火是安全的,"一般"不会发生瓦斯煤尘爆炸,因为:

第一,从理论上讲:

当瓦斯、煤尘爆炸的"三个条件"同时具备时,将必爆无疑,缺一不会爆炸。火灾现场氧气足够,火已燃起,这说明其瓦斯和煤尘都不具备爆炸条件,所以一般不会发生爆炸,否则后果已经形成。

第二,从实践上讲:

实践是检验真理的唯一标准。数年来,全国煤炭行业,多个高瓦斯、突出矿井,在处理数十起不同性质、不同地点、不同通风条件下的各种类型外因火灾时,都持续了数小时、数小班、数天之久,均未发生爆炸。

所以外因火灾初期,现场人员实施直接灭火是安全的;因此要头脑清醒,不怕、不等、不靠,要抢时间、争速度、迅速行动、正确处理,力争及早控制火势。

但也有个别单位在处理外因火灾时，因方案错误、指挥错误导致爆炸。如：

1983 年，某矿在处理掘进工作面火灾事故时，因怕蔓延，错误地停了局部通风机，救护队五进五出，经 9 小时后爆炸。

这虽属个案，也应引以为戒。

（2）安全注意事项

☆ 在全负压风流中灭火时，人员应在上风侧。

☆ 局部通风条件下灭火时，人员应佩戴自救器。

☆ 注意风流变化：

■ 在处理上行风流巷道火灾时，可能会导致旁侧并联支路的风流逆转。

■ 在处理下行风流巷道火灾时，可能会导致着火巷道本身的风流逆转。

（3）灭火方法

应视火灾性质而定。如：

瓦斯燃烧、炮窝着火均可用水灭火；

电气明火停电后也可用水灭火；

但油质火灾不能用水，而只能用沙和高泡灭火器材等。

3. 迅速成立指挥部，尽快命令第一救护队赴灾区执行三项任务

（1）引导灾区人员撤退

（2）沿途救护

发现伤者，立即救出；发现死者暂不处理。

（3）查探灾情

尽一切可能弄清灾情，为指挥部决策提供第一手资料。

应查探以下灾情：

① 火情——火点位置、火灾性质、发火原因、火势大小、蔓延方向、蔓延速度等。

② 人情——
- a. 当班灾区出勤人数及分布。
- b. 伤亡人数及分布。
- c. 撤退情况。

③ 瓦斯煤尘情况——浓度、趋势。专人、定点、定位。

④ 通风情况——火灾前后,通风系统、风量、风速、风向等有无变化。

⑤ 路线——通往灾区的巷道、支架、顶板、环境状况。

4. 贯彻先救人后灭火或灭救并举原则

若火灾初期有伤亡,要先救出伤员,而后处理死者和灭火。

若火灾初期无伤亡,在处理过程中,除安排有关人员实施灭火外,应充分考虑发生灾变或人员伤亡的可能性,因此也应安排待机小队和医生到基地待命。

5. 要始终注意先控后灭和防变原则

在处理矿井外因火灾事故时，控制火势，是成败的关键，所以不要急于求成，应尽快、全力控制火势，不使其蔓延，灭火将会成功；否则将会造成严重后果。

控制火势方法有多种，应视灾情优化选用，主要有：

■ 控风法

■ 隔离法

■ 阻燃法

（1）**控风法**——通过控制过火点风量，达到控制火势的目的。

通常可采取：

实施风流短路
设置临时风门
设置临时风障
减少风量等措施来实现

采用这一方法时，其**控风原则**是：

① **应确保灾区人员安全撤退原则**。

国外某煤矿，采区胶带输送机在 **P 点**处摩擦着火。为了控制火势，当灾区人员还没有安全撤离的情况下，在火源进风侧 **A 点**处设风障，过早地切断了风流，导致灾区 **110** 人一氧化碳中毒死亡(见下图)。

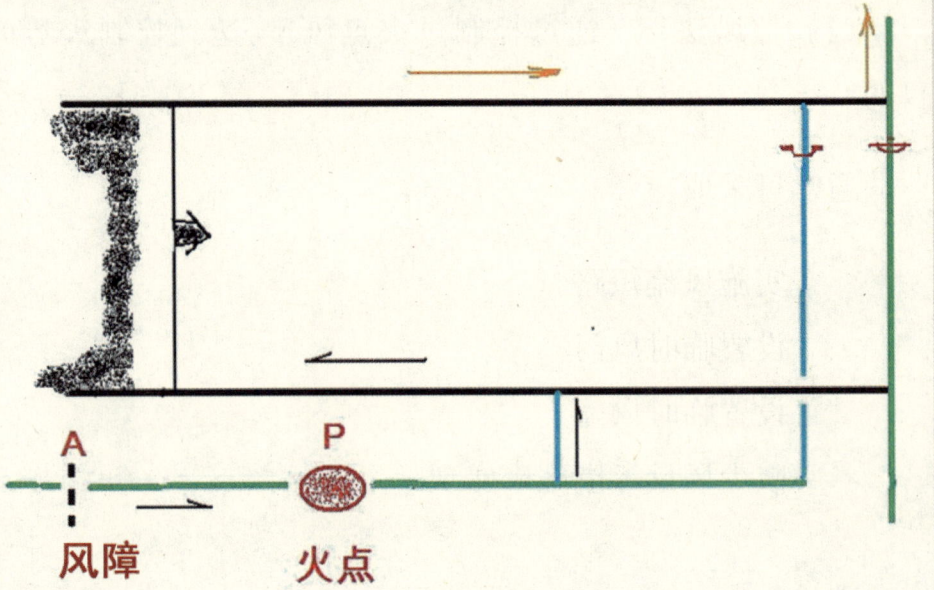

国外某煤矿火灾事故示意图

② 要注意监测瓦斯煤尘动态,防止灾变爆炸原则。

③ 防止烟雾逆退原则。

④ 防止发生风流逆转原则。

⑤ 防止蔓延失控原则等。

（2）**隔离法**——系指将火点周围易燃物与火源有效隔开的方法，杜绝蔓延。

其作用与处理森林和草原火灾时，采用"**防火隔离带**"的方法雷同。

1990 年某矿、1991 年某矿均发生井下胶带机着火事故，分别死亡 80 人、27 人（见下图）。

若发火初期，迅速采取隔离法，把胶带火点两侧割断、掀开，可有效避免蔓延失控导致大量人员伤亡的惨剧。

某矿特大火灾事故示意图

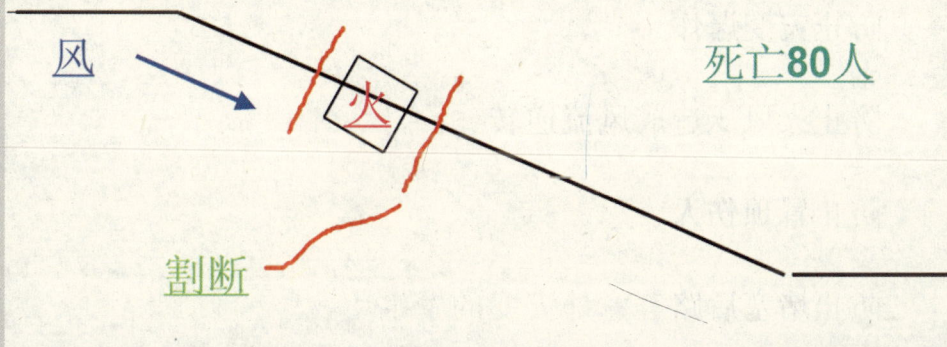

风　　火　　死亡80人

割断

（3）**阻燃法**——系指阻碍和延缓火灾向外蔓延的方法，如：

在处理掘进工作面的瓦斯燃烧事故时，既不能控风，也不能隔离时，可采取阻燃法——将易燃的支护材料和煤体、煤尘用水浇透洒遍，这样既可有效阻缓火势向外蔓延，又可防止煤尘爆炸。

所谓**防变**，系指在处理火灾过程中，要始终注意：

防止蔓延失控、

防止灾变爆炸、

防止火风压造成风流逆转、

防止冒顶伤人、

防止堵塞后路等意外灾变的发生。

6. 实施灾变应变原则,必要时应急处理

灾变应变系指在处理重大事故过程中,若灾情发生变化,原处理方案和安全措施都应立即进行针对性调整。

"应急处理"系指在处理重大事故过程中,针对发生的灾变、失控等威胁安全的危急情况时,而采取的断然措施。

至于在什么情况要应急处理,应急处理的内涵是什么,在以下案例中详述。

三、事故案例——掘进工作面瓦斯燃烧事故处理

生产实践表明,绝大多数的瓦斯燃烧事故,发生在瓦斯矿井中局部通风不良的煤和半煤岩掘进工作面。

其主要特点是:

半硐或满硐淡蓝色波动火焰(似酒精灯、煤气灶火焰)。势态十分吓人,若不及时扑灭,将会很快点燃支护材料和煤体等易燃物品,造成火势迅速蔓延,导致严重后果。

（一）燃烧原因

1. 由于局部通风不良,使瓦斯积聚达到了燃烧浓度,一般为小于 5%(若大于 16%氧气接触面亦能燃烧)。

2. 有引燃火源,如违章爆破、电气明火等。

3. 空气中有足够的氧气。

当 3 个条件同时具备时,必燃无疑,缺任何一个条件都不会燃烧。

（二）处理原则——同矿井外因火灾

（三）灭火步骤

不要急于求成,应分 3 个阶段进行：

第一阶段为控制阶段——主要是用水把巷道周边支护材料、煤尘、煤体等易燃物品浇透洒遍(见下图)。

这样可一举三得：

既有效地控制了火势,又消除了煤尘爆炸危险,还降低了现场的高温,因此说,控制阶段是灭火成败的关键阶段。

掘进工作面灭火——控制阶段示意图

第二阶段为直接灭火阶段——当完成火势控制后，即可转入第二阶段。因高温已有所下降，因此灭火工作可向火点靠近，其方法仍与第一阶段相同。

第三阶段为善后处理阶段——当积聚的瓦斯烧完，明火熄灭，即可进入第三阶段。用水把巷道各处再洒透，并拆帮检查，确无死火后，事故处理完毕。

1983 年某矿，明火扑灭后没有认真检查就忙着恢复生产，因死火复燃导致瓦斯爆炸，死亡 41 人。

（四）**安全注意事项**

一是,严禁水射流直射火心,以防引起水煤气爆炸。

二是,严禁用衣物扑打,因气体流动性大,不但扑打不灭,还易发生意外烧伤事故。

某高瓦斯矿井,上山掘 7 米未安局部通风机,使瓦斯积聚达到了燃烧浓度,一穿化纤衣服的工人,到迎头不慎跌倒,引起瓦斯燃烧。紧随其后的两名工人,忙用衣服扑打,结果又引火烧身,一次烧伤 3 人。

（五）**应急处理措施**

若发现下列情形之一者,要果断采取停风、停电、撤人、警戒、远距离封闭的"**应急处理**"措施。

1. 火势失控、威胁安全。

2. 瓦斯浓度增大,有爆炸危险。

3. 突然掉电停风;当停风区的瓦斯浓度≥2%时,不应再开启局部通风机。

4. 发生危及安全的其他意外情况。

实例——某矿瓦斯燃烧事故

(一) 事故概况

该矿属突出矿井,煤层为易自燃,煤尘有强烈爆炸危险。1996 年,在 10214 改造机巷 30 米长的掘进工作面,爆破引燃瓦斯。班长向矿领导汇报后,现场人员全部逃离(见下图)。

矿业集团公司有关领导迅速赴矿,成立了指挥部和救护基地指挥部,组织事故抢救。

灾情弄清后,指挥部制订了处理方案,下达三项决策命令:

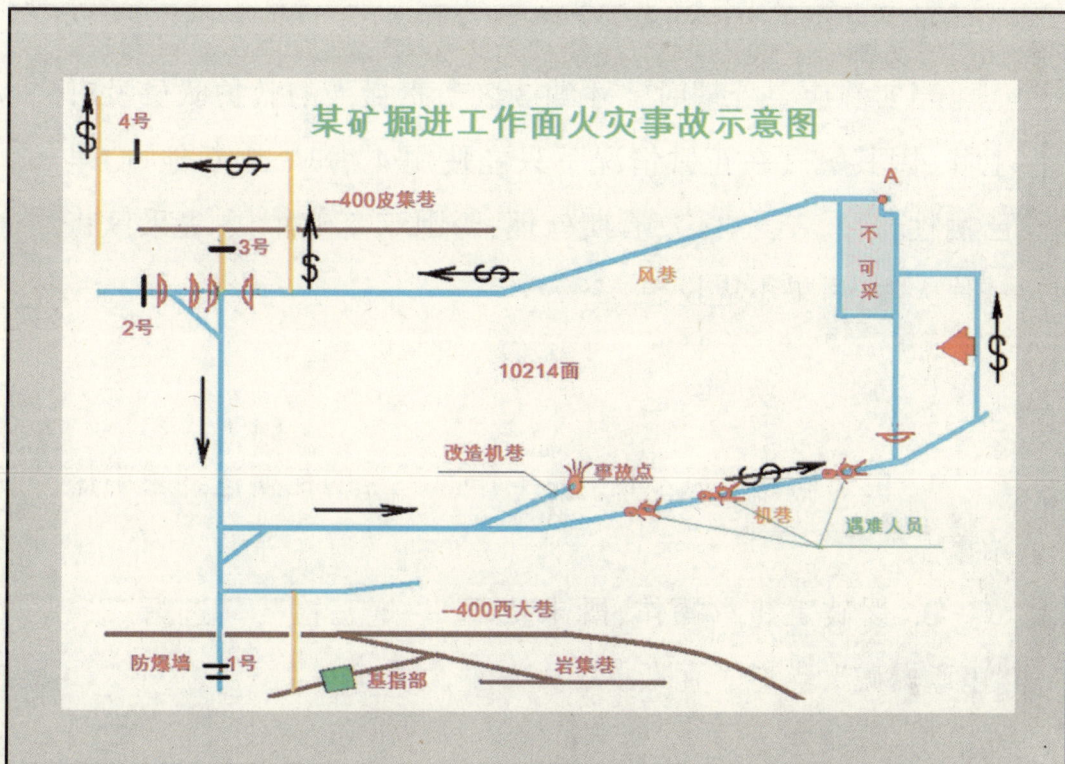

某矿掘进工作面火灾事故示意图

1. 派 3 名矿中队救护队员进入灾区检查、引导采面人员撤退(因已装备三排单绞支护,采煤班正在装面)。

2. 派另一支救护队迅速进入事故点,先用防尘水控制火势,后实施灭火。

3. 因灭火的水量水压不足,指挥部派专人突击铺设救灾管路。

实施结果,持续 7 小时之久,终因新系统未形成,老管路水源不足,使火势蔓延出改造机巷三岔门。当时采面进风量 560 立方米/分,一片火海,火势失控。

指挥部当机立断采取"应急处理"措施——分别在进、回风系统中突击抢打 1#、2#、3#、4# 防爆墙和永久性封闭墙,实施远距离封闭,注水淹火。

当实施应急处理时,才知 3 名负责撤人的救护队员没有上井,因其氧气在正常情况下只能使用 4 小时,判断他们早已牺牲,只能强行封闭,后期处理;否则双突矿井、中央采区将一片火海,后果不堪设想。

(二) 事故原因

1. 由于局部通风不良,使工作面积聚的瓦斯达到了引燃浓度。

2. 爆破工违章操作,既未执行"一炮三检",又进行二次"违章爆破",点燃了瓦斯。

（三）事故教训

该起事故不是不可避免的，教训沉痛。矿山救护队、事故矿井和指挥部应分别吸取以下教训：

救护队——

某矿救护中队有 2 条教训：

1. 平时下井少，不熟悉灾区路线。

2. 救护队员素质差，无应变能力，不知寻求新的撤退路线；导致在一条路线上来回打转，直到氧气耗完牺牲(因 A 点构造影响，只能通风，不能行人)。

事故矿井有 4 条教训——

1. 局部通风管理不力，造成瓦斯积聚。

2. 规章制度执行不严，未执行"一炮三检"，违章爆破点燃瓦斯。

3. 职工素质差，见火逃离，贻误了早期控制火势的战机。

4. 洒水灭尘系统水量、水压小，抗灾能力差，导致了 30 米巷道处理 7 小时后失控封闭。

指挥部有 3 条重要教训——

1.《煤矿安全规程》明文规定：赴灾区执行任务的救护队员应做到任务清楚,路线明确,返回时间明确。而指挥部误认为他们是本矿中队的,应当认识路,所以在布置救护队员赴灾区执行任务时，没有询问是否识路，也没有提供灾区行动路线示意图。

2.《煤矿安全规程》另一条明文规定：当赴灾区的救护队员没有按时返回时,应立即分析原因,采取救援措施。而指挥部没有及时查问,也没有采取因应措施,顾此失彼,也是导致 3 名救护队员牺牲的重要原因。

3. 当发现水量、水压不足时,只是突击铺设救灾管路,而没有采取其他应变补救措施,致使 7 小时之后火势失控。

（四）防范措施

1. 加强局部通风管理,杜绝瓦斯积聚超限。

除按有关规定进行瓦斯遥测监控外，应在风筒另一侧迎头肩窝处增挂一台便携仪，由班长负责使用管理。这样投入少、直观、简便、实用,瓦斯浓度达 1%就报警,确保不燃烧、不爆炸。

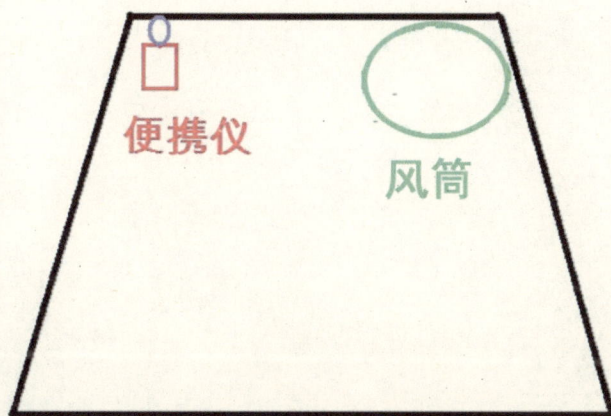

掘进工作面挂设便携仪示意图

便携仪

风筒

2. 严格执行各项规章制度和"三大规程",消灭引燃火源。

3. 坚持"三个并重",确保安全投入,提高抗灾能力。

4. 加强安全技术培训,提高职工综合素质。

　　只要认真落实上述措施，瓦斯燃烧事故是完全可以避免的。

教案 11

顶板灾害防治

顶板灾害防治

顶板灾害是煤矿的五大灾害之一。

据统计，长期以来，我国煤矿的顶板事故一直居于各类事故的首位。

随着科学技术的进步，支护技术的发展，装备水平的提高，安全管理的加强，近年来煤矿伤亡事故得到了一定的控制，但总的来说，顶板事故居高不下的严峻局面，并没有得到根本改变。

生产实践表明，在顶板事故总数中，采煤工作面（以下简称采面）发生的顶板事故占75%以上，居高不下。

顶板事故的特点和规律如下：

* 按矿井性质分：

据统计，1981~1999年间，在全国煤矿发生一次死亡3人及以上的顶板事故中，地方煤矿发生的起数和死亡人数，分别占顶板事故总数的51.47%和50%，双居第一。

这说明地方煤矿在顶板安全管理上存在重大薄弱环节，亟待加强。

* 按作业地点分：

国有重点煤矿，在 1949~1995 年间共发生一次死亡 3 人及以上顶板事故 687 起，死亡 2 804 人。其中：

采面 519 起，死亡 2 173 人，分别占顶板事故的 76% 和 78%，双居第一。

掘进工作面 109 起，死亡 416 人，分别占顶板事故的 16% 和 15%。

其他地点顶板事故 59 起，死亡 215 人，分别占顶板事故的 8% 和 7%（见下图）。

较大顶板事故发生起数分布图

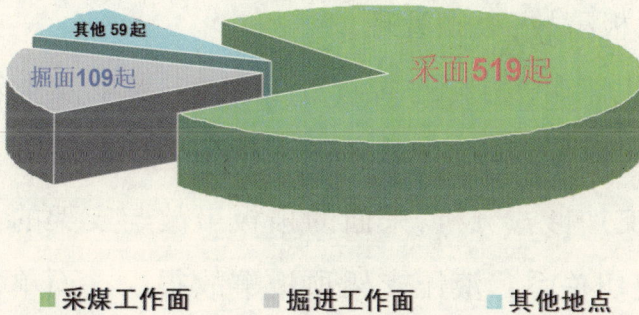

其他 59 起
掘面109起
采面519起

■ 采煤工作面　　■ 掘进工作面　　■ 其他地点

较大顶板事故死亡人数分布图

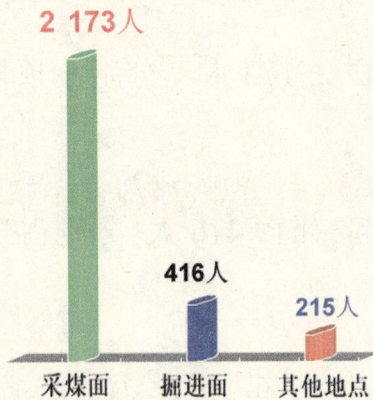

2 173人

416人

215人

采煤面　　掘进面　　其他地点

* 采面顶板事故具有以下特点：

■ 按顶板岩性分析，多人顶板事故大都发生在复合顶板条件下，因此，复合顶板是采面顶板管理的难点。

■ 按煤层倾角分析，大倾角的"三软煤层"易于发生片、抽、漏、推顶板事故，极难管理。

■ 按生产时段分析，初次放顶期间，易于发生较大顶板事故，是较大顶板事故的"多发期"，万万不能大意。

■ 按支护形式分析，采面的顶板事故与支架的初撑力和稳定性有密切关系；液压支架顶板事故很少，而单体液压支柱、摩擦支柱、木支护的采面顶板事故占95%以上。

由此可见，顶板灾害防治是煤矿安全的重要课题之一。

生产实践和事故规律表明，掘进工作面和液压支架采面顶板事故相对较少，本教案重点阐述单体液压支柱工作面顶板灾害防治相关问题。

◆ 相关概念

◆ 采面冒顶事故概述

◆ 强化采面初次放顶,杜绝较大顶板事故

◆ 加强科学管理,控制顶板事故

◆ 实施分类指导原则

◆ 冒顶事故处理要点

一、相关概念

1. 伪顶、直接顶、基本顶

伪顶——直接位于煤层之上，厚度不大，一般约 0.2~0.4 米，是极易脱落的页岩，随落煤而掉，极难支护。

直接顶——位于伪顶或煤层之上，由一层或几层岩石组成，较易垮落，一般在回柱后，很快就会垮落。

基本顶——位于直接顶或煤层上方，厚度大，岩性较坚硬，呈周期性垮落。基本顶习惯上叫老顶。

2. 复合顶(详见教案十二)

3. 离层

系指采面顶板发生层间脱离，从而失去了层间"控制"和依存关系。离层是采面的重大隐患之一。

4. 初次来压、周期来压

初次来压——基本顶第一次断裂垮落，从而导致采面来压的现象，叫做基本顶初次来压。

周期来压——随基本顶周而复始地垮落，而引起采面周期性来压的现象，称之为周期来压。

5. 初次放顶

初次放顶在此是广义的概念,系指从切眼装面,到初次来压第一次顶板冒落结束,这一时段叫采面初次放顶期间。初次放顶期间是较大顶板事故多发期,务必加强"精细化"管理。

6. 初撑力

人们使用升柱工具,给支柱对顶板的主动支撑力叫初撑力,它是采煤工作面顶板管理最重要的一项指标。实际生产中,初撑力必须达标。

7. 阻力监控法

采用科学方法,对采面支柱的初撑力、工作阻力和支护质量及顶板动态进行现场测定与监控的方法叫阻力监控法,它是单体液压支柱工作面的"支护质量与顶板动态监控"方法的简称。

8. 支护系统刚度

从实践上讲,采面支架,从支柱扎底量,到过顶材料、顶梁、支柱、柱鞋可压缩的程度,即,顶底板的移近量,称支护系统刚度。生产实践表明,其"合理刚度"应为每米采高<100毫米/米,采煤工作面的顶板将处于良好状态。

二、采面冒顶事故概述

1. 分类

采面冒顶事故,按顶板冒落的特点大体可分为:
漏垮型、推垮型、压垮型、其他型四大类。

2. 定义、特点、规律、预兆、原因和危害

(1) 漏垮型

顶板由一点突破,从小到大,直至此处漏满堵实为止,称之漏垮型。

它多发生在"三软"采面煤壁线的采煤工艺过程中,死者多为采煤工,属零打碎敲的顶板事故。

此类冒顶多因空顶、空帮、片帮或支护不及时所致;伴有明显的掉渣、片帮等预兆。

(2) 压垮型

系指采面总体支护强度不够,在基本顶初次来压或周期来压时,将工作面压垮(见下图)。煤炭行业中此种事故较少。

(a) 顶板向煤壁方向压垮前　(b) 顶板向煤壁方向压垮后

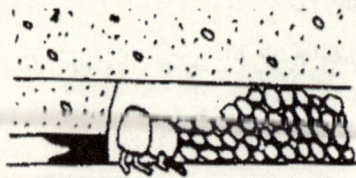

(c) 顶板向采空区方向压垮前　(d) 顶板向采空区方向压垮后

顶板压垮图

压垮型冒顶发生在"稳定顶板"采面，并伴有明显的片帮、来压、支架折损、顶板断裂、断响等预兆，采面人员可视情维护或撤离，否则会发生严重后果。

1971 年"文革"期间，某矿驻军组织"高产日"活动。该面为稳定顶板，木顺山棚支护。因处于初放期间，顶板悬顶 20 米未冒。采面设有木垛、密集等特殊支架。"高产日"采用人海战术，木料供不应求，在当时情况下，采面一部分基本支柱、木垛、密集被倒用到煤壁支护，致使采面总体支护强度锐减。采面快速推进，正遇初次来压，虽然伴有明显预兆，采煤队的人员快速撤离，但那些支援高产的地面勤杂人员，无安全知识，不懂冒顶预兆，也不知道逃离，当采面被压垮时，一次死亡 17 人。

(3) 推垮型冒顶

系指支柱初撑力低，稳定性差，支架沿顶板的推力方向倾倒垮顶。

推垮型冒顶多发生在复合顶、伪顶、煤顶易于离层的初次放顶工作面(见下图)。

垮前没有明显预兆，垮时时间短、速度快、面积大、来势猛，因而往往伴随着多人伤亡，要严加防范。

它是顶板管理的难点(详见教案十二)。

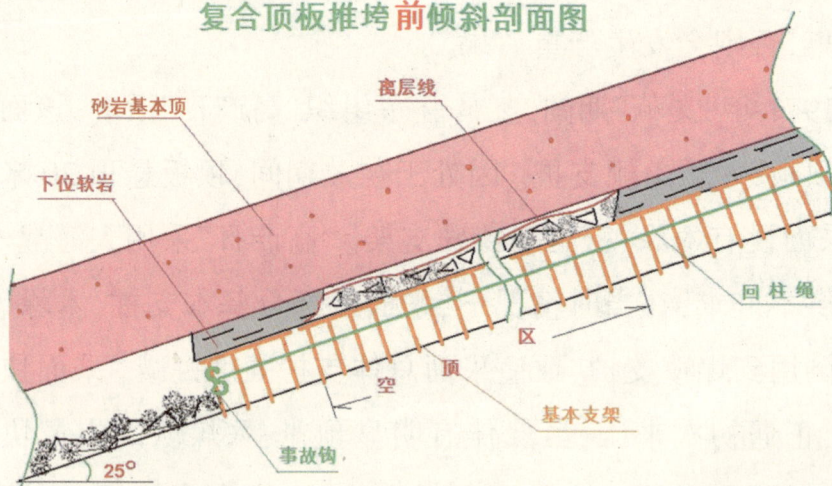

复合顶板推垮**前**倾斜剖面图

砂岩基本顶　离层线　下位软岩　回柱绳　区　顶　空　基本支架　事故钩　25°

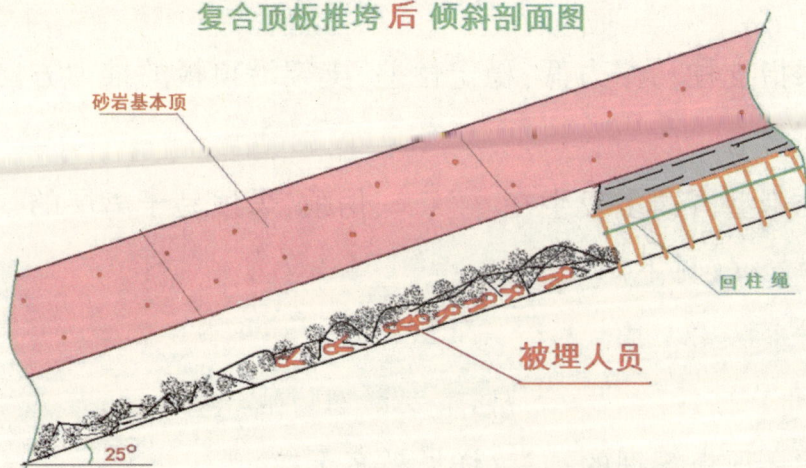

复合顶板推垮**后** 倾斜剖面图

砂岩基本顶　回柱绳　**被埋人员**　25°

(4) 其他型

如片帮、"草帽顶"等零星事故。

综上所述，冒顶事故的预兆主要有：

片帮、掉渣、离层、顶板来压、断裂、断响、支架变形等。

三、强化采面初次放顶，杜绝较大顶板事故

1. 部分矿井初次放顶期间发生顶板事故案例（详见教案十二）。

初次放顶如此重要，下面介绍如何采面初次放顶。

2. 如何抓好采面初次放顶？

事故教训表明，必须做好以下几项工作：

(1) 技术上

要弄清地质条件和顶板类型，合理设计支护参数，使规程措施具有科学性、针对性、指导性、可行性，而不是"开工护照"，从技术上率先把好安全关。

（2）组织上

1983 年原煤炭工业部规定，要成立"初次放顶领导小组"，加强领导。其主要职责是：

★ 检查——采面工程质量、安全隐患、安全责任制落实情况。

★ 指导——对查出隐患，提出处理的意见和建议。

★ 监督——跟踪监督重大隐患整改情况，不处理好不得离岗。

（3）管理上

要严格执行"三大规程"和各项制度，按章作业，实施"精细化管理"，搞好工程质量，为安全生产打好基础。

（4）科学监控上

"单体液压支柱采面支护质量和顶板动态监控"，简称"阻力监控法"，是淮北矿业集团和中国矿业大学共同完成的重大科研攻关课题，该项目已获安徽省科技进步二等奖，并被纳入了行业质量标准和《中国采煤方法》一书。它是我国采面顶板管理从传统的经验型向科学化转变的重大突破。实践表明它直观简便、易测易控，煤炭行业全面推广应用后，收到了控制顶板事故立竿见影的明显效果。

总之，采面初次放顶期间必须对支柱初撑力和工作阻力认真测控，务必达标，切不可搞形式主义。

（5）落实各级安全责任制

采面在初次放顶和正常生产期间，都要坚持区级干部跟班制度，并要明确安全责任制，各尽其责。

（6）搞好业务保安，加强安全监督

顶板主管处、安监部门要各负其责，做好检查、指导、监督工作，与生产单位一道把好初次放顶安全关。

（7）请示汇报

若遇到生产单位或矿井解决不了的重大隐患或重大技术疑难问题，应立即逐级向上汇报请示，请求指导。

四、加强科学管理，控制顶板事故

1. 坚持初撑力第一的观念

（1）初撑力与顶板安全的关系

我国采面支护改革，大体分为三个阶段：

20 世纪 50~60 年代为木支护阶段，支柱初撑力为 0~8 千牛。

70~80 年代中为摩铰支护，支柱初撑力为 10~30 千牛。

80 年代中期至今为液压支护，支柱初撑力更高。

随着支护改革的进展，支柱初撑力的提高，采面顶板事故明显减少。因此，坚持"主动支撑"观念，确保支柱有足够的初撑力，是控制采面顶板事故的关键，也是"阻力监控法"的核心。

据统计，全国煤矿采面发生一次死亡 3 人及以上的较大顶板事故中：

木支护工作面共发生的起数和死亡人数双居第一。

摩擦支柱工作面居第二位。

液压支护工作面，因支架初撑力高、稳定性好，顶板事故较少。

(2) 关于初撑力的规定

《煤矿安全规程》对支柱初撑力有明确规定，凡有条件的，要按规程达标。对软底，支柱初撑力达不到规定的，应编制安全措施，呈送企业技术负责人审批。

例如，淮北矿业集团指令性规定如下：

■ 复合顶板、三软煤层、大倾角面不小于 50 千牛

■ 稳定顶板不小于 70 千牛

经长期生产实践检验是可行的，仅供借鉴。

2. 监控两项指标

采用阻力监控法，主要监控支柱初撑力和工作阻力两项指标，其他为辅助指标。

要求初撑力达标，而工作阻力则因工作面、因地质条件的不同而不同。

3. 单体液压支柱工作面顶板安全评判标准

理论与实践表明，其安全评判标准有三条，也可用一句话来表述，即：一个达标，两个正常。

（1）支柱初撑力和采面工程质量达标——内在质量，是安全的基础。

（2）支柱工作阻力 ≥ 初撑力，二者关系正常——揭示工作阻力和初撑力的关系。

（3）支柱增阻正常——揭示支护系统刚度合理性及末前排与其他排支柱阻力的关系。

采面只要能同时达到上述三条标准者，顶板是安全的。

4. 把握监控要点

阻力监控法的"实施要点"是其精华所在，可概括为四句话：

■ 装面、收作期间要棵棵监控

■ 初次放顶期间要强化监控

■ 正常生产期间可选测监控

■ 异常地段要重点监控

所谓异常地段系指：

（1）重点区——煤帮线和末前排。

（2）异常段——断层、褶曲、煤顶、"过渡段"、采空区悬顶等地段。

（3）特殊点——端头、出口、腰巷、老硐、冒苫、超高、片帮、空顶等处。

异常地段是采面"顶板事故多发点"，务必重点监控。这一监控要点，实质上是：抓住"主要矛盾"，力求"科学布点"，不搞形式主义，注重"监控实效"，较好处理"关键少数和次要多数"之间关系，因而具有较强的科学性、针对性、指导性、实用性，可收到事半功倍的效果。

五、实施分类指导原则

我国早在 1996 年就已完成了顶板的科学分类,对指导安全生产起到了重要作用。但现场对这些分类指标的测试、评判感到较繁、较难,因此在实践中,淮北"三软矿区"把采煤工作面顶板管理大体分为四大类型:

- "复合顶"
- "三软煤层"
- "大倾角采场"
- "稳定顶板"

对四大类型,实施分类指导,收到了良好效果。

对采煤工作面支护设计分类指导原则是:

■ "复合顶板"——要"支、护"兼顾,以提高"初撑力"为主,中定位布置,确保 $P_初 \geq 20h$。

■ "三软煤层"——要"支、护"兼顾,以"护"为主,中定位布置,实施"三封闭"管理。

■ "大倾角采场"——要"支、护、稳"兼顾,以"稳"为主,实施"四封闭"管理。

■ "稳定顶板"——要"支、切、挑"兼顾,以"支"为主,后定位布置,适当架设特殊支架,实施人工强制放顶。

1. 复合顶板

复合顶板灾害防治。

详见教案十二。

2. "三软"煤层

所谓"三软"煤层,系指顶软(破碎)、底软、煤也软的煤层。

生产实践表明,"三软"采面易于发生片、抽、漏等"漏垮型"冒顶事故。

"三软"采场顶板管理的主要任务是:

护好顶、帮,控制漏垮。

"三软"煤层工作面支护设计的指导原则是:

"支、护、让"兼顾,以"护"为主,中定位布置;对老塘、顶板、煤帮实施"三封闭"管理。支柱应"穿鞋",保持合理刚度,适度"让压",初撑力不小于50千牛,即可实现安全生产。

3. 大倾角工作面

煤层倾角为 35°~55° 采煤工作面,称之为大倾角工作面。

(1) 大倾角工作面的五大特点

一是,煤矸自溜性强、冲击力大,易于发生"飞块"伤人、冲倒支架事故。

二是,顶板正压力小、下滑力大,易于发生支架失稳、倒棚、"推垮"事故。

三是,"三软"条件下,易于发生"一点突破,快速抽冒",诱发片、抽、漏、推顶板事故。

四是,底板有下滑趋势,易于发生支架失稳、倒柱、冒顶事故。

五是,各工序之间,"安全错距"有特殊要求,安全生产技术管理难度大。

上述五大特点,致使大倾角工作面顶板"极难"管理。其顶板管理的主要任务是,针对五大特点,采取有效措施,控制片、抽、漏、推等冒顶事故发生。

（2）支护原则

对大倾角工作面,不论是采用台阶、长壁、伪俯斜等何种采煤方法，其采场顶板管理的<u>主要任务</u>是:控制片、抽、漏、推等冒顶事故发生。

其<u>支护原则</u>是:"<u>支</u>、<u>护</u>、<u>稳</u>"兼顾,以"<u>稳</u>"为主,实施"<u>四封闭</u>"管理。

"<u>支</u>"——虽然大倾角工作面顶板正压力小,但为了增加支柱的抗推力和稳定性,淮北矿区从理论与实践的结合上,把大倾角采场支柱初撑力定为不小于 50 千牛。经实践检验是安全可靠的。

"<u>护</u>"——护是广义的,要对顶、底、煤帮和放顶线实施"四封闭"管理,在"三软"条件下,护不住顶、底,就支不上劲、谈不上"稳"。

"<u>稳</u>"——"支柱无劲不稳"。除提高初撑力这一根本性措施外,还应采取如穿鞋、下底梁、打抗棚、打抗柱等措施,最大限度地增大支柱的稳定性。

以上综合措施,"护"是前提,"支"是手段,"稳"是目的。大倾角工作面顶板管理难度虽然很大，但只要落实上述支护原则,安全生产是可以实现的。例如:淮北矿区<u>童亭矿</u> 711 工作面,是少见的"<u>五人难点</u>":

★ 倾角 35°~55°。

★ 典型"三软",煤极软,f 值为 0.32。

★ 煤层不稳定,煤层厚度为 0.2~5.5 米。

★ 地质构造复杂,顶板起伏不平。

★ 顶板含水大,带两台泵回采。

　　该工作面在中国矿业大学的指导下,按"支、护、稳"兼顾,以"稳"为主的原则,实施"四封闭"管理,即:顶板过严、煤帮背严、放顶线用荆笆挂严、对底板下底梁封闭管理,从 1991 年 11 月至 1993 年 3 月,未发生冒顶等伤亡事故,实现了安全开采。

4. 稳定顶板

　　当直接顶较坚硬,或砂岩基本顶直接覆盖在煤层上,不随回随冒,需实施人工强制放顶,初次来压、周期来压显现强烈的顶板(除 "极坚硬"顶板外),都称之为"稳定顶板"。稳定顶板在"回柱时"易于发生"大块、巨块"旋转、冲击,支架失稳,造成局部冒顶;若总体支护强度不够,在初次来压或周期来压时也可能发生大面积"压垮型"冒顶。

　　稳定顶板,采面顶板管理的主要任务是:

　　控制大块、巨块和初次来压、周期来压时,局部旋垮或大面积压垮型冒顶事故。

支护原则是："支、切、挑"兼顾，以"支"为主；按后定位布置；并实施"人工强制放顶"；适当架设特殊支架。

"支"——支柱初撑力达标，以抗"大块"冲击、旋转。淮北矿区从理论与实践的结合上，把"中等稳定"顶板支柱初撑力定为不小于 70 千牛，"中等以上稳定"顶板初撑力大于 100 千牛。

"切"——系指切顶线采用打"密集"、"堆集"等措施，增强"切顶"效果。

"挑"——系指实施"人工强制放顶"等措施，以减少初次来压、周期来压时的安全威胁，其具体措施应视顶板稳定程度而定。应在作业规程中明确规定。

以上指导原则，对全国煤炭行业，不同矿区同类条件的顶板，均有指导和借鉴作用。

采面只要能按上述要求，依靠科技进步，落实"阻力监控"，实施科学管理，按"精细化管理"要求搞好工程质量，消除安全隐患，就可有效控制顶板事故，实现安全生产。

六、冒顶事故处理要点

若对冒顶事故处理及时、得当,就会减少伤亡,降低事故损失,尽快恢复生产,否则可能会导致大伤亡。冒顶事故"处理要点"是:

1. 应立即组织现场抢救,同时按程序汇报,并立即启动事故应急救援预案。

2. 要沉着冷静,统一指挥;采取呼叫、敲击、地音探测等方法,弄清被埋人员的数量、位置。

例如,某矿采面发生大冒顶,被埋两人:老班长和大学刚毕业的见习技术员。两人相距2米之遥,都没压住要害,互相间能说话。老班长沉着冷静,但见习生直着嗓子大喊救命!班长劝他要冷静,相信矿上会组织抢救的。但他不听,一直大喊不止,随着时间推移,喊声越来越微弱,经过四小时抢救,当扒出见习生伤员时,其因脱水休克死亡,而班长被扒出来后安全脱险。

1975年某国有煤矿矿井,采煤工作面,因"满眼"停车。回柱时,在工作面链板机尾处冒顶埋3人。当时3人都能讲话,但抢救时缺乏统一指挥,班长只是忙于"救人",忘记了通知链板司机不准开车。链板司机不知冒顶,当机巷开车,工作面链板司机试车时,把被埋的3人全部拉死。

3. 先加强周边支护,保持后路畅通,并安排专人观察顶板。

2000年某矿采面冒顶埋1人,因未加强支护好周边支架,就急于救人,在处理过程中,发生二次冒顶又埋4人,结果造成5人死亡。

1975 年，某矿采面冒顶埋 2 人，扒矸时二次冒顶又埋 7 人，结果 4 人死亡，5 人受伤。

1987 年，某矿采面冒顶，包括区长在内被埋 5 人，班长未加强支护好周边支架就救人，结果发生二次冒顶，又埋班长等 4 人，结果 8 人死亡。

1981 年，某矿采面冒顶埋 3 人，扒时发生二次冒顶，又埋 4 人，结果 7 人全部死亡。

4. 若有重大人员伤亡，要迅速成立抢救指挥部。

5. 处理方案和支护形式应根据现场具体情况确定。

处理方案：处理方案有多种，应根据现场具体情况优化选用。

■ 大揭盖——适用于处理复合顶板推垮型冒顶。在弄清"基本顶"的前提下，可以采取不支护或简易支护的方式处理，而不会威胁抢救人员的安全。时间就是生命，这种方式处理得快。

■ 架棚——适用于处理"三软"、煤顶、假顶、直接顶的采面冒顶事故。可采用沿机道、对准被埋人员、跟顶或不跟顶，冒茬上下同步协调方式加快处理。

■ 做小硐——适用于处理硬顶煤底、"三软"煤底、大倾角采面煤底的冒顶事故。可以对准被埋人员、以采面底板为顶、沿煤壁实茬、留小煤垛再做横贯等方式处理。

支护形式：

建议采用木梁单体液压支柱的支护形式。其梁长、柱数可因地制宜，初撑力原则上不小于 30 千牛，以增加支架的稳定性。

教案 12

复合顶板推垮型冒顶浅析

复合顶板推垮型冒顶浅析

所谓复合顶,系指具有"软、弱、薄"三大特点的顶板。

所谓软——系指岩性上,上硬下软,差异很大;

所谓弱——系指结构上,软硬岩层之间存在弱面,构成了复合关系;

所谓薄——系指下位软岩的总厚度较薄,冒落后不能充满采空区接上硬岩层。

由于上述特点决定了在初次放顶期间,软硬岩层不能同步下沉,极易离层、极难管理、极易发生"推垮型"冒顶,因此复合顶板是采面顶板管理的难点。

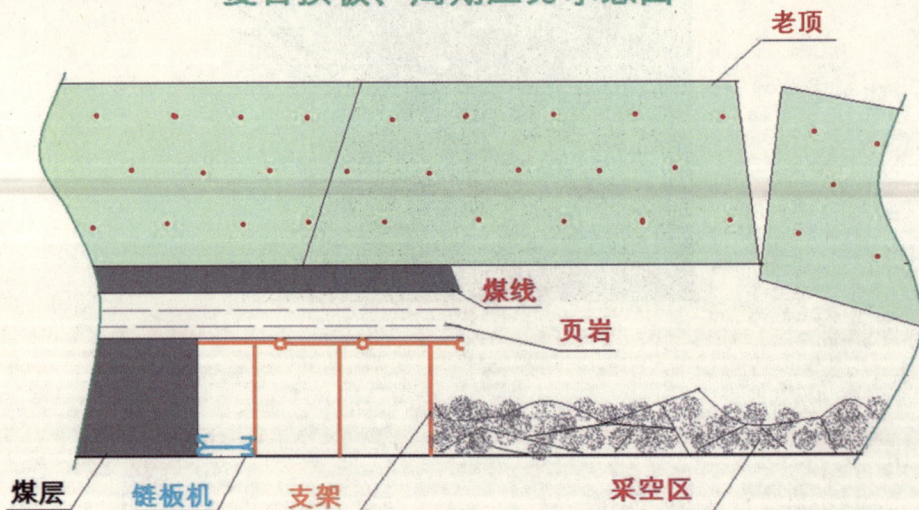

复合顶板、周期压力示意图

以下就复合顶板"推垮型"冒顶的相关问题谈几点意见：

◆ 推垮规律

◆ 推垮机理

◆ 推垮特点

◆ 推垮危害

◆ 防治措施

◆ 再实践

本教案重点论述：

■ 复合顶板"推垮型"冒顶是怎样形成的？

■ 应如何避免？

一、推垮规律

由于上述特点,决定了在采煤工作面:

■ 初次放顶期间

■ 初次来压结束之后

■ 周期来压结束之后的三个生产时段,尤其是在初次放顶期间,软硬岩层不能同步下沉,极易离层、极难管理、极易发生"推垮型"冒顶,这就是复合顶板"推垮型"冒顶的规律。因此说,初次放顶期间是"推垮型"冒顶的"多发期",要严加防范。

二、推垮机理

1. 部分局、矿,复合顶,初次放顶期间发生较大"推垮型冒顶"事故,部分案例:

1972年某矿,采面摩、铰支护,初放推垮55米,死5人。

1981年某矿,采面长23米,摩、铰支护,初放推垮18米,埋13人,死7人。

1981年某矿,采面摩、铰支护,初放推垮11米,埋12人,死11人。

1981年某矿,采面摩、铰支护,初放推垮37米,埋14人,死13人。

1982 年某矿，采面摩、铰支护，初放推垮 17 米，埋 10 人，死 7 人。跟班区长、队长、班长全部遇难。

1982 年某矿，采面摩、铰支护，初放推垮 48 米，埋 12 人，死 9 人。

1988 年某矿，采面单、铰支护，初放期间，矿务局组织安全大检查，发生推垮，包括带队的局工会主席，矿工会正、副主席在内，死亡 4 人。

2002 年某矿，采面单、铰支护，第四排单体支柱还未装齐，发生推垮，包括跟班区长在内死亡 3 人。

由此可见，各事故单位有以下的不同情况：

（1）顶板岩性——复合顶、"再生复合顶"、伪顶、金属网顶等。

（2）支护形式——摩铰、单铰都有，特殊支架也各不相同。

（3）采面要素——长的短的、高的矮的、倾角大的小的都有。

（4）推进度——装面的，撕帮的，推 4 米、5 米、7 米、8 米的都有。

（5）事故工序——采煤、回柱、爆破、割煤等。

如何正确理解、分析和解决上述问题,无疑是生产矿井的重大课题。

虽然各事故单位情况不同,我们总结出两个结论:

(1) 俗话说:"万事开头难",而采面的初次放顶,是重大顶板事故的"多发期",各级领导务必高度重视,切实抓好。

(2) 上述案例,虽然各自的地质条件、技术装备、采面要素、工序、事故造成的后果等各不相同,但却有其"共性的、内在的、真实的"原因,即:顶板有大面积离层,支柱初撑力低,稳定性差,支架质量低劣。

2. 推垮的原因与机理

复合顶板推垮型冒顶事故的形成,原因往往是多方面的。

现从表 1 中淮南谢二矿两起典型的同类推垮型冒顶案例的对比分析,看复合顶板推垮型冒顶事故形成的原因与机理:

同类推垮型冒顶事故比较表

序号	项目		"3.9"事故	"2.16"事故
1	事故时间		1974年3月9日	1976年2月16日
2	采面概况	斜长/米	110	64
		倾角/度	23	23
		采高/米	1.5	2.0
		顶板岩性	荆笆假顶与再生基本顶	荆笆假顶与再生基本顶
3	上下分层压茬时间/月		15	10
4	切眼内划距离/米		35(外是薄煤带)	5
5	是否反采		未	反采半硐

序号	项目		"3.9"事故	"2.16"事故
6	基本支架		一梁四柱木顺山棚	一梁四柱木顺山棚
7	特殊支架		上下口各一木垛、其余一梁二柱走向挑棚	中—中10米一木垛、其余一梁三柱走向挑棚
8	初次放顶	最大悬顶距/米	5.6(违章硐20米)	6.4(违章超硐32米)
		空顶距/米	2.6	3.2
		放顶距/米	2.0	0.8+2.4=3.2分两次回
9	事故点离层面积/平方米		54	80
10	推垮面积/平方米		68	102
11	事故工序		放顶沟	放顶沟
12	伤亡情况		死亡4人	埋8人死亡5人

在分析"3.9"事故时，多数人认为特殊支架少，是发生"3.9"事故的主要原因，若能多装几个木垛，事故可能就会避免了。

对 $3111_下^2$ 面初次放顶时，就片面接受了这一教训，把特殊支架增加到史无前例的程度(见表1)，结果却发生了史无前例的推垮，教训极其沉痛。

笔者是"2.16"事故的幸存者，在现场连续指挥初次放顶和参与事故抢救长达 20 小时，目睹了一切。

惨痛的教训使笔者深刻认识到，此类推垮绝不是单纯的支护强度问题，也不是所谓的几条技术管理问题，它有其本质的内在原因。

在分析"2.16"事故时，绝大多数人认为技术管理不善、违章作业，是发生"2.16"事故的根本原因，如：

- ☆ 切眼未跟笆
- ☆ 内错距离近
- ☆ 压茬时间短
- ☆ 悬顶距离大
- ☆ 不应当反采

这些原因似乎很有道理，但与"3.9"事故一比较就不难看出其片面性。

"2.16"事故所谓的技术管理问题，在"3.9"事故中一条也不存在，如：切眼跟笆、内错距离大、压茬时间长、也未反采等。

更值得深思的是，为什么"3.9"事故未在违章超硐、悬顶距离大的地段推垮，而偏偏发生在悬顶距离小的按章作业的区域？

通过事故调查确认，两次典型的推垮型冒顶有其共同特点：

　　※　事故点垮前都有大面积离层
　　※　"事故钩"都位于离层区下方
　　※　离层区全部垮完

离层为什么会导致推垮呢？

　　因为离层顶板已失去了与基本顶的依存和控制，呈自重状态存在于支架上，并时刻具有下滑趋势。由于其下方的顶板没有离层，对离层区的顶板形成了"相对支撑点"，阻碍了离层顶板的自重下滑，保持其暂时的、相对的平衡状态。一旦"相对支撑点"的支架被回掉，就会瞬间推垮。

"相对支撑点"对其上方"离层区"的支架和顶板存在着以下特殊关系：

■ 存在着"相对支撑"的特殊关系；

■ 存在着"同生死、共存亡"的特殊关系；

■ 存在着"牵一发动全身"的特殊关系；

■ 存在着"一支不动、百支不摇，动了一支、百支倾倒"的特殊关系。

这就是说形成推垮的 3 个"充要条件"是：

※ 顶板有大面积离层；

※ 支柱初撑力低，稳定性差；

※ 煤层有一定倾角。

一旦 3 个条件同时具备，离层顶板自重形成的"下滑力"大于对其的"合阻力"时，就会在瞬间推垮，这就是复合顶板"推垮型"冒顶的机理。

换言之:

■ 顶板有大面积离层,支柱初撑力低、稳定性差是发生推垮的"根本原因";

■ 离层顶板的自重下滑,是导致推垮的"唯一动力";

■ 基本顶"不参与"推垮。

见下图。

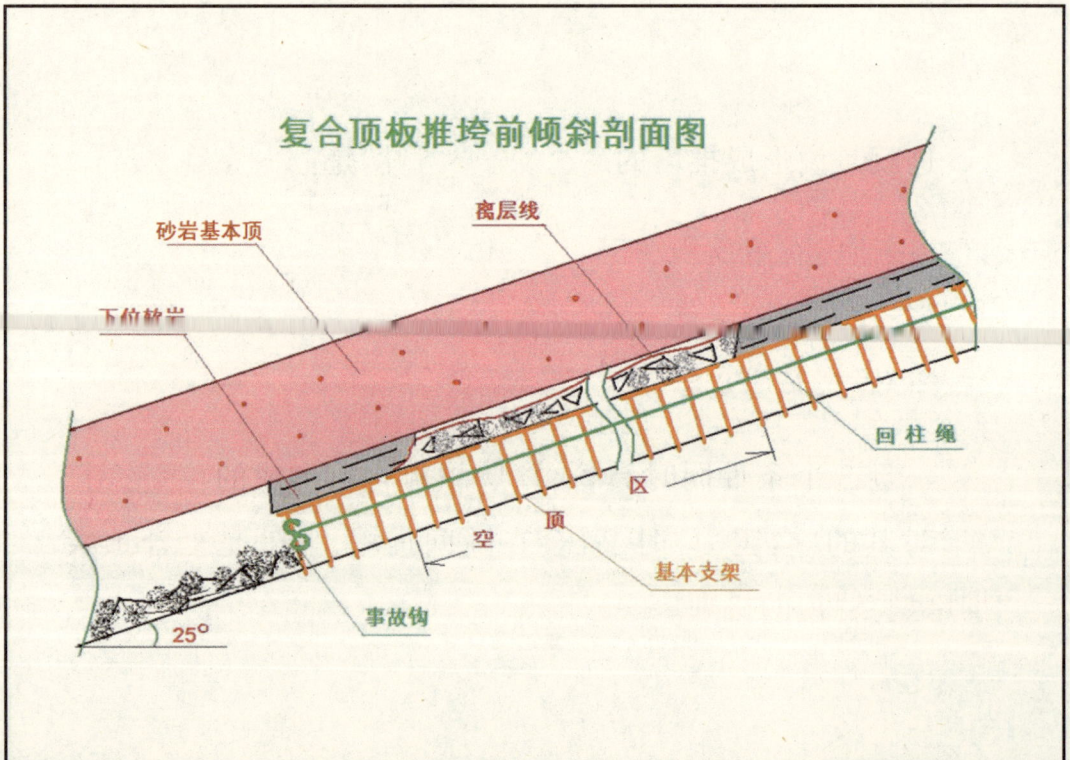

复合顶板推垮前倾斜剖面图

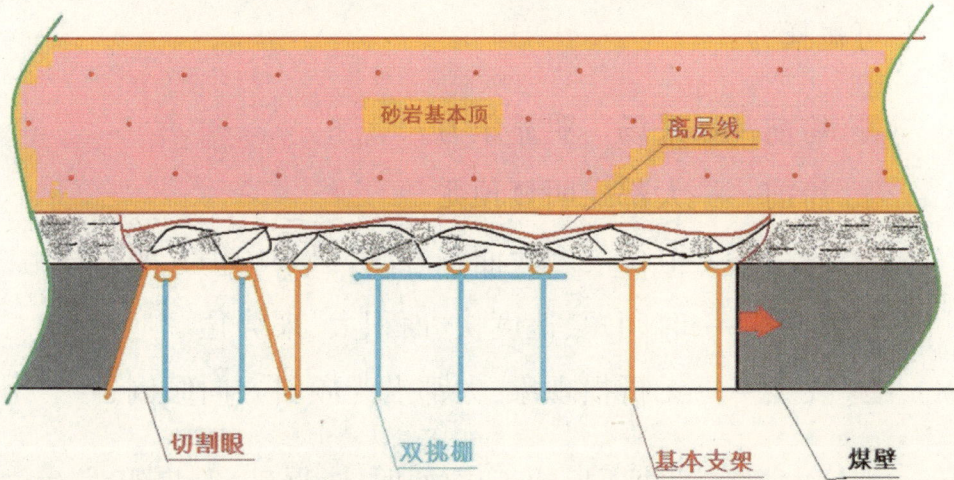

复合顶板推垮前走向剖面示意图

砂岩基本顶

离层线

切割眼　　双挑棚　　基本支架　　煤壁

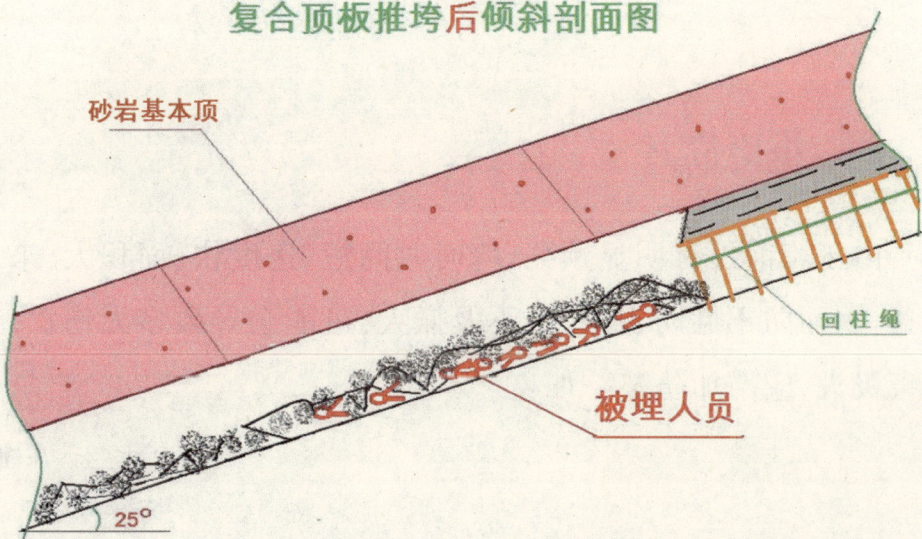

复合顶板推垮后倾斜剖面图

砂岩基本顶

回柱绳

被埋人员

25°

三、推垮特点

可概括为,"三无、一快、正向倾":

- 垮前——采场无明显压力。
- 垮前——大都无明显预兆。
- 垮后——上位硬岩大面积悬露,但采场仍无明显压力。
- 垮时——时间短、速度快、面积大、来势猛。
- 支架——无折损现象,大都沿正倾斜方向倾倒。

推垮大都在活动顶板的工序(如回柱、爆破、割煤等)发生。

四、推垮危害

由于垮前没有明显预兆,垮时时间短、速度快、面积大、来势猛,因而防不胜防,往往来不及撤人,可能会导致多人伤亡。危害极大,应严加防范。如:

1974 年淮南谢二矿，采面初次放顶推垮，死亡 4 人。跟班的安全检查员、七级回柱工、八级加强工全部遇难；跟班副区长逃脱。

1976 年淮南谢二矿，采面初次放顶推垮，埋 8 人，死亡 5 人。跟班的队长、班长、调度所长全部遇难，副区长被埋经抢救脱险。笔者逃过一劫。

2002 年某矿，采煤工作面第四排单体液压支柱还未支齐，发生推垮，包括跟班区长在内，一次死亡 3 人。

2006 年某矿，采煤工作面为单体液压支柱、铰接顶梁支护，第四支柱还未装齐，放顶领导小组刚离开工作面，就发生推垮，埋 3 人，经抢救脱险。

五、防治措施

理论与实践告诉我们，对"复合顶板"防治的主要任务是：防止下位软岩离层、控制"推垮"。

其支护设计的指导原则是："支、护"兼顾，以提高"初撑力"为主，单体液压支柱应中定位布置。

只要采煤工作面工程质量优良，支柱"初撑力"达到或超过"理论公式"或"经验公式"的要求，就可把复合顶板的下位软岩支牢、贴紧，杜绝推垮。

其防治措施,可概括为"清、防、严、保"四个字:

清——两清 { 一是要弄清煤层赋存条件、顶底板岩性。

二是对复合顶推垮的机理、规律、防范

措施要清楚。

防——防止"下位软岩"离层。

严——严格"精细化"管理;

严格工程质量;

严格规章制度;

严格按章作业。

保——要强化矿压监控,确保支柱的"初撑力"达到或超过"理论公式"或"经验公式"的要求,这样就可把复合顶板的下位软岩支牢、贴紧,杜绝推垮。

　　防止复合顶板"推垮"，支柱合理初撑力的理论计算公式：

$$P \geqslant 1.5\gamma h/n(\cos\ \alpha + 1/f\sin\ \alpha)$$

式中　P——每根支柱的初撑力，千牛/根；

　　　　n——支护密度，根/平方米；

　　　　h——下位软岩总厚度，米；

　　　　γ——下位软岩平均容重，千牛/立方米；

　　　　α——煤层倾角，度；

　　　　f——软硬岩层间摩擦系数；

　　　　1.5——安全系数。

　　根据淮北矿区煤层赋存条件，为便于现场掌握，把有关数据代入公式，化简后，得"经验公式"：

$$P \geqslant 20h$$

式中　P——支柱初撑力，千牛；

　　　　20——综合系数；

　　　　h——下位软岩总厚度，米。

该经验公式的指导意义是：

在复合顶板条件下，只要支柱初撑力的千牛数，大于或等于 20 倍下位软岩总厚度的米数，就可把"复合顶"支牢、贴紧，杜绝"推垮"。

换言之，若 1 米厚的复合顶，只要初撑力不小于 20 千牛，就可把"复合顶"支牢、贴紧，杜绝"推垮"。

对复合顶板"推垮型"冒顶的防治，必须牢固树立以下观念：

★ 树立"推垮危险区"的观念；

★ 树立"相对支撑"的观念；

★ 树立"推垮机理"观念；

★ 树立"初撑力第一"的观念；

★ 树立"三个并重"观念。

六、再实践

多年来,多个国有重点矿井,对采面工作面复合顶板的管理,采取了上述措施,都获得了良好的安全效果。

应用实例,略。

上述理论公式、经验公式和预防措施,煤炭行业已达成共识,并被类似条件的矿区普遍采用,只要落实到位,复合顶板"推垮型冒顶"是完全可以避免的。

教案 13

掘进"事故多发点"的安全施工

掘进"事故多发点"的安全施工

掘进安全施工,涉及对"五大自然灾害"的全面防治,内容较广。本教案重点阐述如何抓好掘进"事故多发点"的安全施工。

所谓"事故多发点",系指易于发生安全事故的施工点和作业场所。

生产实践和事故规律表明,绝大多数的掘进施工事故,发生在事故多发点,因此,在事故多发点施工时,要对规程措施、安全管理,做重点安排,落实到位。

掘进"事故多发点"主要有:
- ◆ 巷道贯通施工
- ◆ 探放水施工
- ◆ 大倾角上山施工
- ◆ 掘进斜巷小绞车施工
- ◆ 交叉点施工
- ◆ 构造段和老巷施工
- ◆ 迎头顶板管理
- ◆ 巷道改棚施工等

一、巷道贯通施工

巷道贯通施工是掘进施工的主要事故多发点之一。

巷道贯通按其贯通形式和贯通目的，大体可分为以下 6 种情况：

- 对贯→　←
- 透贯／　←
- 与通风使用巷道贯通
- 与盲巷贯通
- 与垮冒巷道贯通
- 与采面贯通等

不同的贯通形式，安全管理重点和安全注意事项有所不同，综合起来可概括为以下几点：

- 要严格控制贯通距离和贯通精度，严防误透
- 弄清被贯通巷道内气体、水害等重大隐患情况，采取针对性防范措施
- 对通风系统要提前采取控制措施
- 爆破要设好警戒
- 对贯通点的支架和顶板要提前采取管理措施
- 处理好两巷关系
- 保护好贯通点的管、线等设施
- 贯通时，应有区队干部跟班

（一）要严格控制贯通距离和贯通精度，严防误透

炮掘要求距贯通点 20 米前，机掘要求距贯通点 50 米前，由矿地测部门向施工单位下达《贯通通知书》，施工单位要重点安排，落实有关安全措施，否则会出安全事故。

1997 年某矿巷道对贯通，贯通点中线误差 0.4 米，改棚冒顶死 1 人。

1989 年、1990 年某两个地方矿，爆破贯通时均误透盲巷，发生瓦斯爆炸，分别死亡 21 人、15 人。

1990 年某国有矿井，爆破贯通时误透盲巷，发生瓦斯爆炸，死亡 49 人。

（二）弄清气体、水等重大隐患情况，采取针对性防范措施

对于被贯通巷道内的有毒有害气体、水患等，凡有条件的，一定要先排后贯。无条件排放的有毒有害气体，要采取打超前探眼等针对性措施，先小断面"挖"透；经瓦检员检查，确无重大隐患时，才可正规贯通爆破。否则就会发生事故。

1983 年某矿井，被贯通巷道的瓦斯排完后，因掉电又重新积聚，爆破引起爆炸，伤亡惨痛。故要求每次贯通爆破前都应检查被贯通巷道的瓦斯是否超限。

1997 年某矿井,贯通距离仅剩 17 米,因发现"高温点"停头处理;在打钻时,CO 涌出。当时有一人喊一声"快跑",大家就一齐向外奔跑,跑在最前面的两人距开窝点只有 2.5 米;而安全矿长距 15 米,自救器虽已打开,但未戴上。这次事故包括矿总工程师、安全矿长、通风区长等 8 人遇难,教训极其沉痛。若当时现场人员沉着冷静,屏住呼吸,戴上自救器,采取这一针对性措施,就可化险为夷(见下图)。

某煤矿"2.10"一氧化碳熏人事故示意图

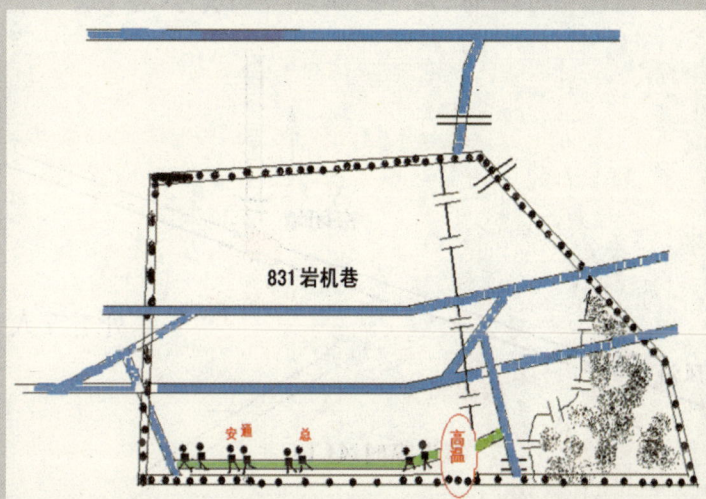

831 岩机巷

(三) 对通风系统要提前采取控制措施

在贯通措施中,要明确以下四点——

① 影响范围。

② 提前应采取的控制措施。

③ 施工部门。

④ 监督单位。

全部落实后方可贯通,否则不得贯通。

1995年某国有矿井,因贯通造成一个综采面一天瓦斯超限多次,导致爆炸,一次死亡84人。

某局某重点矿井,贯通后造成风流短路,致使封闭墙内瓦斯溢出爆炸,死亡7人(见下图)。

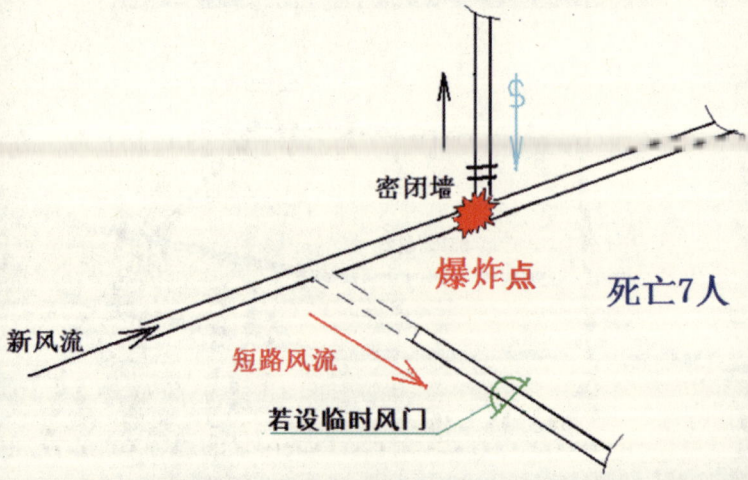

某矿瓦斯爆炸事故示意图

(四) 爆破要设好警戒

在贯通措施中要明确以下三点——

① 应设警戒点的数量和位置,在施工图上和井下巷道的警戒点标明。

② 明确堵炮方式,如打栅栏等。

③ 明确联系方式,如电话或当面通知等。

1990 年某地方矿,漏堵点,一炮死伤 3 人。

1997 年某矿,爆破贯通时,漏设一个警戒点,造成一人死亡一人重伤。

(五) 对贯通点的支架和顶板要提前采取管理措施

除与垮冒巷道贯通外,其他几种情况均要实施这一措施。

某现代化矿井,因缺乏对贯通点的提前管理,导致贯通点大冒顶;在处理冒顶过程中,通风状况不稳定,风时通、时堵,发生瓦斯爆炸,造成 40 人死亡。

（六）处理好两巷关系

贯通点有平透、硐顶透、硐底透、半硐透等多种不同的形式和两巷关系，它们安全管理的重点和针对性措施也各不相同,若处理不当就可能发生安全事故。

1997 年某矿,一煤巷上山从垮冒的轨道巷顶呈"楼上楼"贯通,没有认真采取打超前探眼、下底梁等针对性措施,造成蹲底冒顶,跟班队长死亡。

（七）保护好贯通点的管、线等设施

1996 年,某矿主皮带下山贯通点,因爆破震落被贯通巷道的吊挂管路,将距贯通点 50 米远、坐在巷帮休息的一名采煤工砸死。

（八）贯通时,应有区队干部跟班

鉴于巷道贯通施工是主要的事故多发点之一,易于发生事故,因此要求贯通班,应有区队干部跟班,强化现场管理。

二、探放水施工(此处略,详见教案九)

三、大倾角上山施工

广义地说,凡采用自溜运输的上山,称之为大倾角上山,它具有五大特点:

(1) 迎头易于积聚瓦斯,巷道易于产生煤尘飞扬。

(2) 煤岩自溜性强,冲击力大,易于造成"飞块"伤人和冲倒支架事故。

(3) 顶板正压力小,下滑力大,易于造成支架失稳。

(4) 若遇"三软"条件,易于发生片、抽、漏、推顶板事故。

(5) 底板有下滑趋势,易于发生底板失稳冒顶。因此大倾角上山施工,安全管理难度大,是主要的"事故多发点"之一。

大倾角上山施工安全管理的重点是:

■ 瓦斯煤尘管理

■ 顶底板管理

■ "飞块"管理

其施工安全注意事项是:

（1）强化通防管理、风筒管理，以防炮烟熏人，杜绝爆炸事故发生

■ 要特别加强局部通风管理。要确保迎头有足够的风量，杜绝瓦斯积聚超限，严格执行"一炮三检"，除其他监控手段外，在迎头要增挂一台便携仪。

掘进工作面甲烷传感器设置示意图

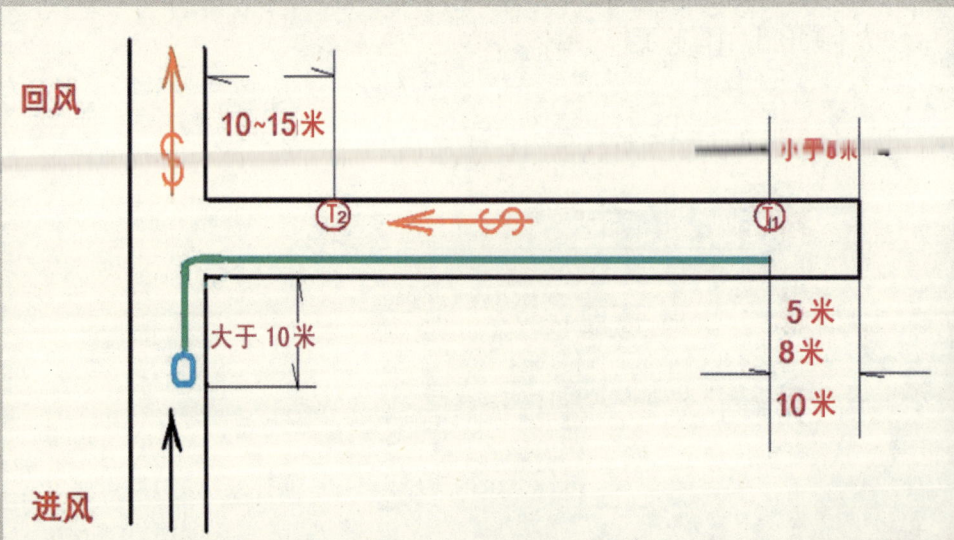

回风

10~15米

小于8米

T₂

大于10米

5米
8米
10米

进风

掘进工作面挂设便携仪示意图

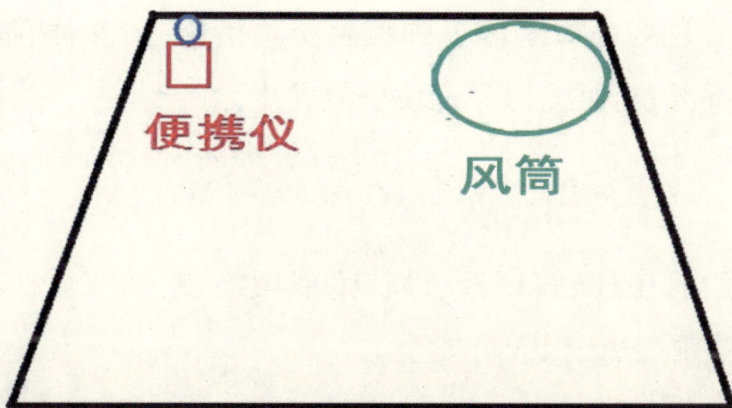

便携仪

风筒

2000年某高瓦斯矿井，采面改造，"大倾角上山"施工，发生瓦斯爆炸，一次死亡12人。

2001年某低瓦斯国有矿井，在正常生产期间，从未发现过瓦斯超限情况，但该矿在做采面改造，"大倾角上山"施工时，掘进20米未安装局部通风机，发生瓦斯爆炸，一次死亡6人。

■ 要健全洒水防尘系统和煤尘清洒制度，消除煤尘飞扬、堆积。

■ 要管好"爆破煤"和溜煤道，严防堵塞下出口。

（2）加强顶、底板管理,防止冒顶事故

措施:放小炮;超前支护,满帮满顶;支架链锁;柱窝麻面;下底梁;管理好底板水等多种综合防治措施,消除片、抽、漏、推、底板下滑、支架失稳等冒顶事故发生。

（3）管好"飞块"、"飞料",确保人行安全

措施:打中柱、钉挡板、设扶手或留绳、闸溜放煤、安全运料、存放牢靠等,确保人行安全。

（4）后路检查

要求每位干部、每个工人进出工作面时,都要仔细检查抬棚、支架、中柱、挡板、底梁、扶手、"链锁"等是否完好,发现问题要即时处理,消除隐患。

只要认真贯彻执行上述措施,"大倾角上山"是可以实现安全施工的。

四、掘进斜巷小绞车施工

事故统计表明,掘进斜巷小绞车施工,易于发生断绳、跑车、"放大滑"、掉道等伤亡事故。小绞车事故,在矿井运输事故中,居于首位,亦是掘进施工主要的"事故多发点"之一。

其施工安全注意事项和防范措施,详见教案十四。此略。

五、交叉点施工

因掘进交叉点施工,断面大,支护形式复杂,顶板可能会二次松动,又要处理好两巷关系,易于发生较大冒顶事故,因此要求区队干部必须跟班。

1972年某矿修护区,交叉点施工时,垮抬棚,一次死亡3人,该区工程师断一下肢。

1987 年某矿，岩石集中巷施工时，三叉门冒顶，死亡 3 人。

1997 年某矿，在处理交叉点支架时，垮抬棚，死亡 3 人。

2004 年，某地方矿，垮台棚，死亡 2 人。

2007 年某国有矿井，交叉点施工时，垮抬棚，一次埋 3 人，死亡 2 人。

2008 年某地方矿，垮抬棚，埋两人，堵两人，死亡 1 人。

2008 年 12 月某国有重点矿井，在采煤工作面改造切眼上口交叉点架设抬棚时，因构造影响，发生冒顶事故，死亡 1 人。

六、构造段和老巷施工

当掘进工作面遇断层、褶曲、破碎带、老巷等特殊情况时，施工单位的工程技术人员，对支护形式、炮眼布置、装药量、超前支护、老硐隐患处理等方面，应及时编制有针对性的安全补充措施。

1997 年某国有矿井，煤层轨道巷掘进期间遇走向断层，未提补充措施，迎头打眼冒顶死亡 1 人。该区工程技术人员被追究了责任。

七、迎头顶板管理

掘进工作面迎头,是顶板事故的"多发点"。为控制顶板事故的发生,应做好以下几项工作:

(一) 优化设计

对掘进工作面的支护,应根据煤岩类别、围岩性质、矿山压力、巷道断面、服务年限等因素,优化设计,合理选择相关参数,从技术上把好安全关。

2005 年某矿,沿空掘进采煤工作面风巷,由于采用的锚索网支护相关技术参数不合理,导致掘进工作面迎头大面积冒顶长达 5 米以上,死亡 3 人。

(二) 科学施工

掘进工作面采取"钻爆法"施工时要科学布眼、合理装药;当采用"机掘法"施工时,应科学把握截割部位、截割程序、截割深度。无论采用何种施工方法,都应组织科学施工,以实现优质、安全、快速、高效的要求。

(三) 精细化管理

精细化管理是企业管理的核心，只有管理工作到位，才能搞好工程质量、打好安全基础。

淮北芦岭矿号称有"六大自然灾害"，该矿接受了"5.13"事故教训，到 2008 年 11 月 18 日，已实现安全生产五周年，除其他原因之外，实施精细化管理，消除了各类重大安全隐患，是重要原因之一。

(四) 严格执行顶板管理相关规定

■ 严格执行敲帮问顶制度

采掘工上岗时，首先要进行敲帮问顶，并排除险帮、险石后，方可作业；严防片帮、掉顶事故。

2006 年某矿的掘进副班长，放过炮后，没有"敲帮问顶"，在迎头用风镐找肩窝时，被掉矸打死。

2008 年某矿综掘工作面迎头，掉落岩块，致死 1 人

2008 年某地方煤矿掘进工作面迎头冒顶，死亡 1 人。

■ 严格实施前探支护,严禁空顶作业

1984 年某矿,在锚喷支护的掘进工作面,没有实施前探支护,当迎头打锚杆冒顶,死亡 3 人。

2008 年 4 月山西某地方私营煤矿,3111 顺槽掘进工作面工程质量低劣,又违章空顶作业,发生大面积冒顶事故,死亡 10 人。事发后矿主既未及时汇报,贻误了抢救时机;又瞒报事故,有关责任人受到了法律的严惩。

■ 严格执行支架防倒措施

凡采用架棚支护的巷道,迎头 10 米范围内的支架要采取联锁防倒措施,严防放炮倒棚。

1964 年某矿,煤巷掘进工作面是工字钢梯形棚支护,支架没有采取防倒措施,一炮崩倒 12 棚,两个小时没扶完,就冒顶死亡 1 人。

八、巷道改棚施工

有些矿井在巷道改棚时,图省事、怕麻烦,没有采取架挑棚、打点柱等措施加强周边支架等措施,就进行改棚作业,频频发生冒顶伤亡事故。

1994 年某国有矿井大巷改棚,未采取加固措施,冒顶死亡 2 人。

教案 14

矿井运输事故多发的原因和对策

矿井运输事故多发的原因和对策

生产实践表明,矿井运输事故,多为"零打碎敲"的三违事故,主要表现在两个方面:

一是大巷运输事故——如"扒、蹬、跳"违章乘坐事故。

扒——系指列车在运行中抢上,称扒车。

2001 年某矿一采煤工,在大巷横穿重车道爬空车,被重车撞死。

2008 年元月,某矿一名刚分配来的煤电技师学院毕业生,进矿还不到三个月。上井时乘人车已经开动,他飞奔扒车,不慎跌倒,被对面开来的车头轧死。

蹬——系指蹬乘在车碰头上,称蹬。

1997 年某矿一掘进工,上井时违章蹲在运煤列车的碰头间,途中掉道被挤死。

跳——列车处于滑行期间抢下,称跳。

2001 年某矿 修护工,在列车处于滑行期间跳车,被撞死。

2008 年 2 月某矿基建区队长 1 人乘本单位的乘人车（专列）,到站时车未停稳还处于滑行状态就下车,当他弯腰伸头下车时,颈部被另一股道上停的三辆水泥车严重挫伤,摔倒死亡。

二是斜巷运输事故——主要为断绳、跑车、掉道等事故。

多年来,某矿业集团在矿井运输安全方面,各级领导都很重视,虽然做了大量工作,尽了很大的努力,但仍没有达到预期效果,仍未有效控制运输事故多发的态势。如:

在煤矿八类事故(顶板、瓦斯、机电、运输、放炮、水害、火灾、其他)统计中,该矿业集团1991~2000年10年间,在工业死亡人数中,运输事故前居第二位。

长期以来斜巷运输事故,高居矿井运输事故的榜首,因此,斜巷运输安全是矿井运输专项治理的重点。

为了控制矿井运输事故多发的态势,该集团公司1999年召开了专题会议,提出了抓好"运输安全专项治理",控制运输事故的措施,并签发了红头文件。

但实施的结果,收效甚微,见下表:

某矿业集团运输事故一览表

年份	工业死亡 /人	其中运输 /人	比例 /%	排名
1999	19	8	42	第一
2000	22	9	41	第二
2001	24	13	54	第一
2002	29	5	17	第二
2003	98	3		较好
2004	11	1		较好
2005	18	2		较好
2006	14	8	57	第一
2007	13	6	46	第一
2008	11	5	45	第一

以下就矿井运输事故的相关问题谈几点意见：

◆ 矿井运输事故多发的原因

◆ 控制矿井运输事故的主要对策

一、矿井运输事故多发的原因

长期以来,矿井运输事故频发,原因是多方面的,既有干部的管理责任,也有工人的操作原因,还有设备、设施等问题。

(一) 干部的管理责任

煤矿有句至理名言,叫"没有抓不好的安全,只有不到位的管理"。这说明干部的责任重于泰山。有些单位,在运输安全管理方面,存在着职责不明,标准不高,管理不严,规章制度流于形式,对绞车、轨道、一坡三挡、安全设施等方面存在的运输安全隐患,不能及时发现和整改等问题,最终造成事故。例如:

2004 年某矿,外包队从 81 采区 144 米长,倾角 30°的斜巷下口向上拉车时,干部违章指挥,工人违章操作,导致脱销跑车,造成 2 死 2 伤 的运输事故:

一是,跟班队长、班长在现场违章指挥。

二是,把钩工违章用钢丝绳鼻子连接叉车和一吨矿车。

三是,因叉车装的是长铁料,压住了"碰头",故违章反插矿车销子;因怕脱销,又用铁丝将销子捆绑。

四是,因用绳鼻连接矿车导致保险绳不够长,又违章用钢丝绳与保险绳捆绑使用,当提升到距上口变坡点 6 米时,矿车脱销跑车。

五是,斜巷中部的跑车防护装置,平时既无工人维护,又无干部检查,实属虚设,没有动作;而下口变坡上方的挡车栏也未正常使用,跑车导致下部车场的工人 2 死 2 伤。

(二) 工人的违章操作原因

主要是绞车司机和打点把钩工违章操作。如：

2006 年某矿放大滑事故，致使一死一伤，就存在着多处工人违章操作：

1. 绞车司机违章开车。

当上部车场信号工打过点后，下部车场还未还点，绞车司机就启动绞车。

2. 上下口的三个打点把钩工是综采三区的，都未经专业培训上岗。

3. 超载超挂。

规定只准 1 次挂 2 个车，而上部车场把钩工 1 次违章挂 3 个矸石车。

4. 用异物代替连接链。

规定两车之间必须使用"两环或三环专用链"连接，而违章用 5 分钢丝绳鼻连接。

5. 违章把上部车场的联动保险挡全部打开。

当 3 辆矸石车刚松过变坡点时，主钩头被阻车器刮住，致使下松的矸石车骤停，当即将卡子，导致 3 辆矿车放大滑。

6. 违章使用保险绳。

由于超挂 3 辆车，把保险绳作为第三辆车的"主钩头"使用。

7. 斜巷中部跑车防护装置，平时工人不维修，干部不检查，实属虚设，跑车不捕车。

8. 下口把钩工，违章把常闭捕车器提前打开。

9. 违反集团公司斜巷运输"行车严禁从事其他活动"的管理规定，放大滑后，导致在下口吊挂电缆的工人一死一伤。

10. 撤钩延点，致使工人铤而走险违章操作。

该矿综采三区在早班的班会上布置许某等 4 人，把 7114 风巷的 3 个料车打上井，"论活不论点"。4 人竭尽全力把 3 辆料车推到车场，被前面的 3 辆矸石车堵住，这时已到中班的 16 时 55 分，因而就铤而走险，违章超挂导致放大滑事故。

2005 年 5 月,某矿一采煤工,在 84 采区中部双轨车场打运铁柱时,因未经培训,无证上岗,违章站位,被矿车挤死。

2006 年 1 月,某矿一班长在斜巷上部车场向下松叉车时,违章把两道联动保险挡全部打开,面对绞车拉钩头,后退时碰动了叉车,放了大滑;下部打点硐室里的打点工,听上山有异常响声,伸头察看时,被飞来的叉车当即挤死。

2007 年 8 月,某工程建设公司的老运输队长,在车场违章甩车时,被重车撞死。

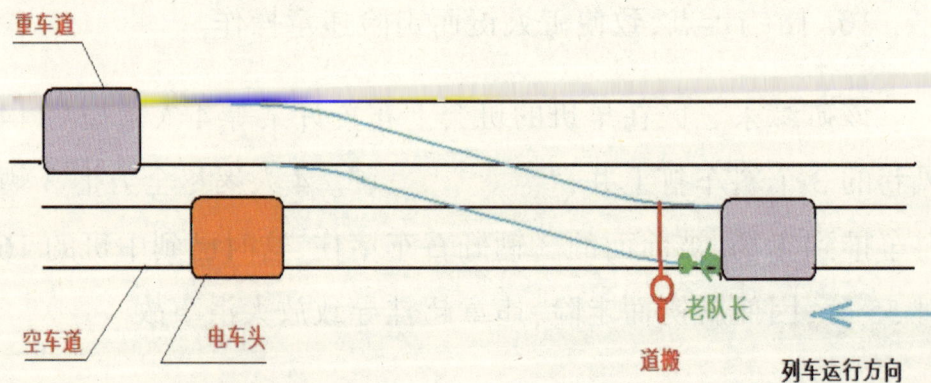

工程处运输事故示意图

（三）技术管理原因

某些单位由于绞车选型、钢丝绳校验不正确而导致运输事故发生。如：

1978年，山东某矿因用绞车滚筒上的新卡子，固定经长期使用绳径已变细的旧钢丝绳，发生了抽绳跑车，导致了6死4伤的运输事故。

2007年某国有矿井的运输事故亦是由于这方面的原因造成的。

（四）设备带病运行

有些单位的绞车，存在着声光信号不完善、不可靠，制动闸不可靠，提升绳锈蚀严重、断丝超标等问题，不及时处理，仍带病运行，最终导致事故。如：

1989年山西某乡镇煤矿，已发现钢丝绳锈蚀断丝，没有立即停车换绳，想凑合把当班最后3车货提完，结果发生了断绳跑车撞死3人的较大运输事故。

1991 年,某矿小绞车断绳跑车撞死 1 人。

1997 年,某矿断绳跑车将 1 名运输工撞死。

1990 年,陕西某地方矿,小绞车钩头没有保险绳,发生跑车,撞死 3 人。

2007 年湖南某个体煤矿,发生跑车事故,死亡 5 人。

2007 年贵州某地方煤矿,发生断绳跑车事故,死亡 3 人。

（五）安全设施不健全、不可靠

斜巷运输的主要安全设施有:一坡三挡、压车柱、护身柱、生根绳、霸王桩、滑轮、地滚、绞车地锚等,其不完善、不可靠是导致斜巷运输事故多发的重要原因。如:

2001 年某矿轨道上山跑车,跑车防护装置失灵无动作撞死 2 人。

某矿上山掘进时,迎头霸王桩被拉跑,挤死 1 人。

1961年辽宁某矿,20°的乘人斜井,违章把乘人车脱钩挡放在斜井下部上人的位置,上人后,挡车器的生根棚被压倒跑车,造成15人死亡,25人受伤的重大运输事故。

1985年某矿通风上山的小绞车地锚、压车柱不牢,拉翻绞车,把司机砸死。

1990年某矿,上部平车场没有保险挡,发生跑车撞死5人的较大运输事故。

（六）轨道和斜巷运输安全环境不合格

有些单位斜巷运输,设计或施工上不符合安全要求,如:

上部车场的方向、长度、坡度、绞车窝位置;斜巷弯度大、多次变坡、支护形式选择不合理、巷压大,箍绳、刮车、杂物等问题,不符合安全运行要求,最终酿成事故。

运输轨道杂物多,道板稀、道接头无夹板螺丝固定,轨距宽窄超标等问题,是掉道事故多发的主要原因。如:

2006 年某矿在二水平人行上山下口，当重车上提 1 米时掉道，违章用手拉葫芦拿道，当班班长在巷道左边弯腰伸头察看是否拉够高时，车突然甩动，当即把班长挤死。

1999 年，某矿在回风上山运输工字钢时，掉道挤死 1 人。

1999 年，某矿轨道下山掉道，违章用绞车"垫拉复位"，把看热闹的 1 名瓦斯检查工挤死。

（七）违反斜巷运输相关规定

有些单位对斜巷运输，行车严禁行人，严禁超载、超挂，严禁超高、超宽、超长、偏载装车，严禁用异物代替钩头插销、连接链，严禁放飞车，行车时严禁从事其他活动，除人车外严禁蹬乘等相关规定，执行不严，诸多职工的违规行为，导致同类运输事故频发。如：

2001 年某矿一爆破工,违章蹲斜巷钩头,被保险挡挤死。

2005 年某矿一掘进工,夜班违章蹲钩头上井时,被保险挡挤死。

2007 年某矿在斜巷用叉车打 U 钢支架时,因超高装车,运行中 U 钢支架被保险挡撞散、滑落,将跟车的一名工人致死。

1990 年黑龙江某矿,小绞车司机违章放飞车,撞死 3 人。

1980 年某矿小绞车司机违章"放飞车",险些撞死矿副总工程师。

2007 年某矿小绞车司机违章"放飞车",把主井清理斜巷下口的把钩工撞死。

1993 年某矿Ⅱ13 轨道下山施工时,违章用手镐头代替车销向下松黄沙车,途中脱销跑车,撞死 2 名机电工。

1994 年某矿,斜巷提叉车时,用塘柴棍代替插销,跑车撞死 1 人。

1995 年某工程处,在某矿南二风井的进风上山,向下松前探梁车时,下口违章上人,发生断绳跑车、撞死 4 人的较大运输事故。

2003 年某工程建设公司一运输工,蹲斜巷钩头,被挤死。

（八）业务保安和安全监督不力

在上述运输事故案例中，事前就已经存在着多处重大安全隐患，但事故单位的业务保安部门和安监部门，没有尽职尽责，对安全隐患的排查和整改流于形式，没有及时发现并责令整改，这也是矿井运输事故多发的原因之一。

（九）对职工缺乏安全培训

职工有的无证上岗，有的安全意识不强，"三违"现象较为严重，导致了运输事故多发。

二、控制矿井运输事故的主要对策

根据事故原因，应采取针对性对策，主要有：

（一）落实安全责任制(见附表)

对运输管理的各个管理项目、安全标准、分管单位、分管领导、岗位包干人员的安全责任要明确、具体，并采取挂牌、留名等方法，把安全落实到班，责任落实到人；使干部尽职尽责，工人按章操作。

山东枣庄矿业集团，就连每个小绞车窝、打点硐室、地滚子都编号、挂牌、留名，实施"精细化"管理，运输事故极少。

（二）健全并认真执行斜巷小绞车管理制度(见附表)

因斜巷运输是重要的"事故多发点"，易于发生断绳、跑车、放大滑、掉道等事故，应健全制度，严加管理。如：

1. 安装审批制度

新安小绞车，必须填单审批，否则不准安装。

2. 交接验收制度

小绞车安好后，必须由主管部门组织有关单位参加，到现场对机、电、安全设施、轨道铺设、巷道环境、巷道设计等进行全面检查验收，合格后方准投用；验收单存档备查。

3. 严格执行持证上岗制度

小绞车司机、信号工、把钩工都必须"依法培训"，持证上岗，严禁无证人员违章操作。

4. 实行"包机管理"制度

5. 建立牌板管理制度

矿井主管部门,对全矿小绞车实行统一编号、上网、上板、动态管理。

6. 事故查处制度

有些矿井对小绞车事故查处不严,是同类事故频发的重要原因之一。

(三) 抓好安全隐患的排查和整改

既然长期以来矿井运输事故多发,每矿就应该每月进行不少于 1 次运输安全"专项排查"。发现问题,彻底整改,这样就会消除隐患,减少甚至杜绝那些断绳、脱钩、跑车时跑车防护装置不动作而导致的伤亡事故。上述多个矿井,跑车时跑车防护装置不动作,工人不维护、干部不检查是矿井运输安全管理上的一大"盲点",要重点治理。究竟是结构设计问题,还是技术性能问题,要通过排查、整改彻底解决。

（四）加强业务保安和安全监督

矿井的业务保安部门和安监部门，要经常深入现场，指导、检查、监督生产单位的运输安全问题，做到对不安全因素，早发现、早控制、早解决，把事故消灭在萌芽状态。

（五）加强安全培训，提高职工素质

各矿都要加强对职工的安全培训工作，提高其安全意识，提高综合素质，使每个职工真正做到应知应会、遵章守纪、按章作业、规范行为、消除"三违"，做好自主保安。

以上对策可概括为四句话：

台台件件有人管，质量达标无隐患，
现场管理都到位，消除"三违"保安全。

斜巷运输安全管理和岗位职责牌板

小绞车编号___ 型号___ 提载___ 安装地点___ 验收负责人___ 投用日期___

序号	管理项目	安全标准	分管单位	分管领导	位包干人
1	小绞车主管部门	机电设备完好或合格	运管办	X 副职	包机组长
2	使用单位	认真执行有关规定，不违章		X 副职	打、把工
3	机械部分	① 设备完好或合格；② 闸灵活可靠；③ 钢丝绳、生根绳符合安全要求		X 副职	包机者
4	电器部分	① 设备完好或合格；② 声光信号、开关、按钮齐全、灵敏、可靠；③ 电缆吊挂整齐			包机人
5	司机	培训合格、持证上岗、按章操作			开车人
6	巷道	① 环境和支护状况良好；② 车场、绞车窝、硐室符合使用要求	采、掘、修等		维护工
7	轨道	① 道板每米一块；② 道接头上牢夹板，不掉道	掘、运等		维护工
8	压车柱、护身柱、霸王桩、滑轮	① 压车柱两压两戗牢固可靠；② 均符合安全要求			落实到人
9	一坡三挡	① 上部车场安设一道阻车器；② 斜长大于 30 米，上部变坡以下增设一道捕车器；③ 斜长>80 米，下部变坡向上 5 米再增设一道捕车器			维护工
10	有关规定	行车不准走人；严禁超载、超挂、蹬乘、放飞车；严禁以异物代替车销、车链			
11	安全监督	要严格、认真查处隐患	安监部门	X 副职	安检员
12	事故查处	① 有关领导参加；② 一事故一查处；③ 按四不放过原则；④ 从重、从快、曝光	① 凡属干部管理责任，分管者下岗，撤职；② 凡属工人操作责任，责任者降级，培训；③ 凡事故责任单位，酌情减、扣工资、奖金；④ 凡触犯法律者，依法查处。		

教案 15

煤矿班队长安全培训

煤矿班队长安全培训

班队长处于煤矿"兵头、将尾"的重要岗位,既是生产第一线的"指挥员",又是生产第一线的"战斗员"。

班队长肩负以下重要职责:

(1) 安全职责

对本班的安全生产负主体责任,实现煤矿安全生产。

(2) 管理职责

加强现场"精细化"管理,工程质量要求达到一级品、优良品。

(3) 生产职责

组织完成当班的生产任务。

(4) 准备职责

要有"一盘棋"思想,为下一班做好必要的准备工作。

(5) 灾害预防职责

负责当班的安全隐患排查与整改,消除事故隐患。

(6) 事故抢救职责

负责组织抢救与处理现场发生的各类事故;必要时,组织职工自救、互救、安全撤离和妥善避灾。

(7) 安全教育职责

负责对本班职工的安全教育和思想教育，提高其综合素质，使其能遵章守纪、按章操作、规范行为、消除"三违"，做好自主保安。

(8) 参政职责

对搞好本单位的安全生产工作，提出好的意见和建议。

班队长要履行好上述职责，就必须有较高的素质。俗话说："兵熊熊一个，将熊熊一窝"。这就是说，如果班队长有较高的素质，完成当班的安全生产任务就会有保障；若班队长素质不高，是个糊涂人，必将会吃败仗。

班队长工作十分辛苦，长期以来，为矿区的安全生产作出了重大贡献，是有功之臣。但也有些班队长，素质不高，不能胜任。

近年来，多个煤矿发生的多起事故都与班队长有关，如：

1989 年某矿，掘进探放水施工时，切眼上口淋水逐渐增大，有明显的透水预兆，掘进班队长不听工人要停工、撤人的建议，而继续违章指挥、冒险作业，发生突水事故，本次事故包括班队长在内 9 人死亡。

1997 年某矿掘进贯通施工，当新掘联络巷和垮冒的老煤层轨道巷顶板呈"楼上楼"贯通时,掘进队长在迎头没有采取针对性措施,发生"蹲底冒顶",跟班队长死亡。

1997年某矿掘进探放水施工时，迎头放水孔的水和肩窝的淋水汇成了"小瀑布",有明显的透水预兆时,但掘进班长没有立即停工、撤人,发生突水事故,死亡 5 人。

2004 年某矿,"外包队"的班队长在现场违章指挥、斜巷拉料时,发生"脱销跑车",导致 2 死 2 伤的运输事故。

2005 年某矿的采煤队长,违章蹲在机头上接链子,被机头挤死。

2005 年某矿的掘进班长,违章挖"瞎炮",被炮崩死。

某矿瞎炮事故示意图

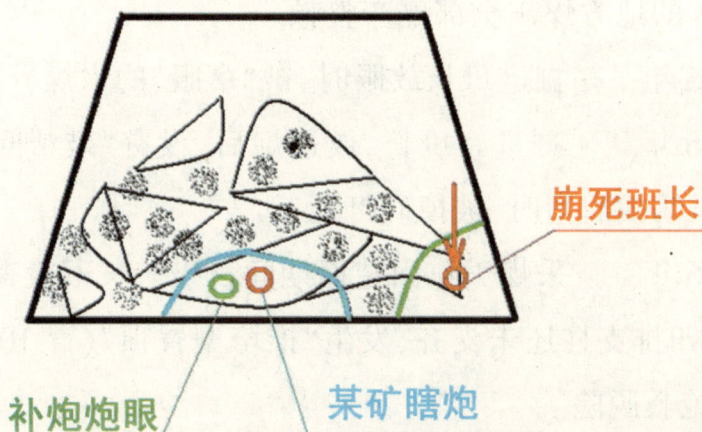

崩死班长

补炮炮眼　　　某矿瞎炮

2005 年某矿的掘进班长,在维修采区总回风巷时,自己违章摘掉安全帽,坐在支护质量差的临时棚下休息,被肩窝掉矸打死。

2006 年某矿的掘进班长在人行上山违章拿道时,被"掉道矿车"挤死。

2006 年某矿的掘进班长在斜巷上部车场违章操作,导致叉车"跑车"事故,把下口信号工挤死。

2006 年某矿的采煤工作面爆破时,当联好炮后,爆破工正要爆破时,在炮口下边的采煤副队长发现炮没联好,他不听警戒人劝阻,就强行违章到炮口处理联线,被炮崩伤。

2006 年某市地方煤矿,爆破工缺勤,采煤队长爆破,把联炮人崩死;两人均属无证、违章爆破。该矿被罚 25 万元,并株连本地区的地方煤矿全部停产整顿。

2006 年某矿掘进班长放眼时,被"窜眼"的水煤矸埋死。

2006 年某矿掘进副班长,放过炮后,没有"敲帮问顶",在迎头用风镐找肩窝时,被掉矸打死。

2006 年某矿采煤工作面装面期间,班队长不检查支柱初撑力,第四排支柱还未支齐,发生"推垮型冒顶"(冒 10 棚),埋 3 人,经抢救脱险。

2006 年山西某国有高瓦斯煤矿,掘进工作面多次掉电停风,瓦斯超限(4%),班队长没有停工、撤人,后又违章送电,发生瓦斯爆炸,死亡 47 人。

2006 年某市地方煤矿,爆破工缺勤,采煤队长无证违章爆破。第一炮放完后,没有将爆破手把从炮盒上拔掉,也没有把放炮母线从接线柱上解掉,自己就去联炮,联炮时炮响,被崩死。

2006 年某市地方基建矿井,其风井是外包队施工的。井筒里放过炮后,当班班长对 4 米段高的井壁一没有采取临时支护措施,二没有执行"敲帮问顶"制度,就开始作业,结果井壁片帮,将班长打死。

2006 年 12 月，某地方煤矿，由于采煤工作面的放炮员，是刚经过依法培训持证上岗的新放炮员，操作不太熟练，炮放的较慢。当班的采煤队长嫌他炮放的太慢，就令其到风巷运料，自己接过炮合放炮。当第一炮放完后，违章操作，一没有拔掉放炮手把，二没有把放炮母线从接线柱上解掉，自己就去联炮，联炮时炮响，发生了自己放炮崩死自己的奇特典型案例。

2007 年 8 月，某工程建设公司的老运输队长，在车场违章甩车时，被重车撞死。

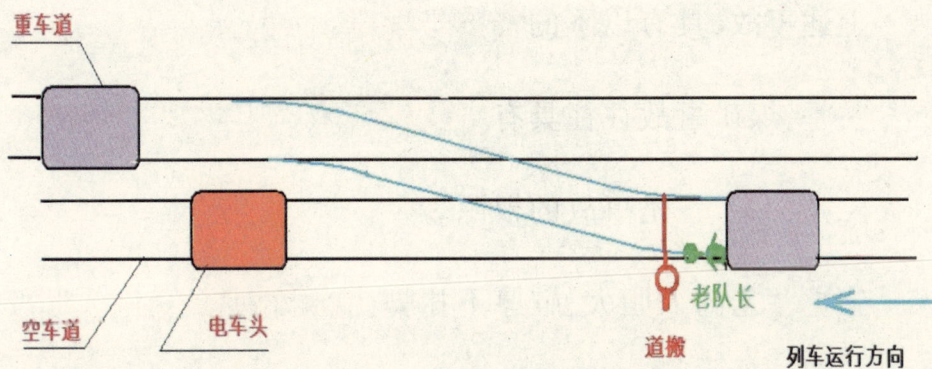

工程处运输事故示意图

2008 年 2 月某矿,基建区一队长 1 人,乘本单位的乘人车(专列),到站时车未停稳还处于滑行状态就下车,当他弯腰伸头下车时,颈部被另一股道上停的三辆水泥车严重挫伤,摔倒死亡。

2008 年 11 月某工程处安拓项目部的队长,外包某矿采区上山绞车安装工程。该队长在现场违章指挥,吊装制动闸时,把自己挤死在巷帮。

上述事故,具有以下的特点与规律:

一是,煤矿事故往往具有"连续性"。

二是,"三违"是事故的根源。

三是,"艺高人胆大,鞋厚不扎脚,淹死的都是会水人"。

上述的这些班队长，都是经过多期安全技术培训，考试合格，依法上岗的兵头将尾"指挥员"，为什么会出现这些"异常"现象？安全培训的"实效"究竟在哪里？今后应如何提高班队长的安全技术素质？怎样才能提高职工的安全意识、自主管理意识、"安全确认"意识；做到应知应会、按章作业、遵章守纪、规范行为、消除三违、做好自主保安？希望广大职工开展讨论，提出好的意见和建议。

切实进一步加强对班队长的安全培训工作，提高其综合素质，势在必行。

以下就班队长应具备的安全知识和应尽的职责讲点意见：

◆ 矿井五大自然灾害防治

◆ 重大危险源的识别与控制

一、矿井五大自然灾害防治

1. 班队长对当班的安全生产负有哪些责任？

答：(1) 加强"精细化"管理，搞好工程质量，消除事故隐患。

(2) 排查并处理当班安全隐患，实现安全生产。

(3) 组织完成当班生产任务。

(4) 为下班做好准备工作。

(5) 若发生事故，除及时向矿调度汇报外，应立即组织现场抢救与处理，以减少人员伤亡，降低事故损失。

2. 当发生事故时，班队长应如何应对？

答：当发生五大自然灾害事故时，班队长应按以下原则处理：

■ 立即汇报

■ 积极抢救

■ 安全撤离

■ 妥善避灾

（详见教案三）

3. 采掘工上岗时,应严格执行什么制度?

答:采掘工上岗时,应严格执行"敲帮问顶"制度,严禁空顶作业。班队长应巡回检查安全情况。

4. 冒顶事故有哪些预兆?

答:冒顶事故的主要预兆有:片帮、掉渣、离层、空顶,顶板来压、断裂、断响,支架变形等现象。

5. 发现有冒顶事故预兆,班队长应如何处理?

答:班队长应按以下原则处理:

一是,对那些不会立即导致冒顶事故的"一般预兆",如:片帮、掉渣、来压等,应立即组织现场职工加强维护,控制冒顶事故发生;若情况变化,危及安全,应立即撤离。

二是,若发现可能立即导致冒顶事故的"危急预兆",如:顶板下沉速度过快、支架变形严重、片帮抽冒失控等时,要立即组织"危险区"内的职工停止作业、快速撤离,并向本单位值班人员和矿调度汇报。

6. 复合顶板"推垮型"冒顶的原因和机理是什么？

答：复合顶板"推垮型"冒顶的原因是：

一是，顶板有大面积离层、支架初撑力低稳定性差，是复合顶板发生推垮的根本原因。

二是，离层顶板的自重下滑，是导致推垮的唯一动力。

三是，基本顶不参与推垮。

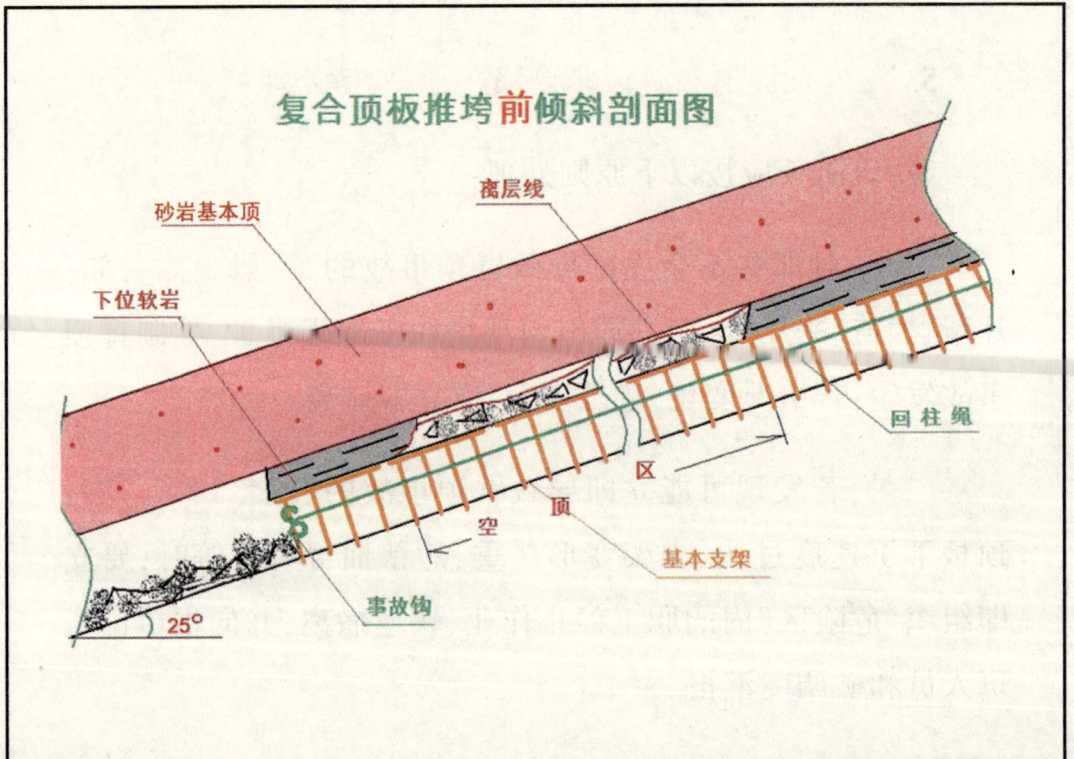

复合顶板推垮前倾斜剖面图

砂岩基本顶　　离层线

下位软岩

回柱绳

区　顶

空

基本支架

事故钩

25°

复合顶板推垮前走向剖面示意图

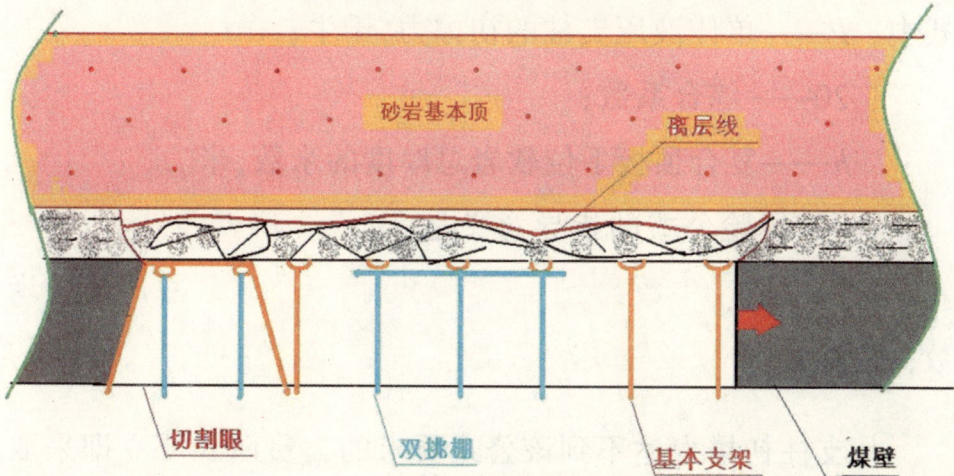

砂岩基本顶

离层线

切割眼 双挑棚 基本支架 煤壁

复合顶板推垮后倾斜剖面图

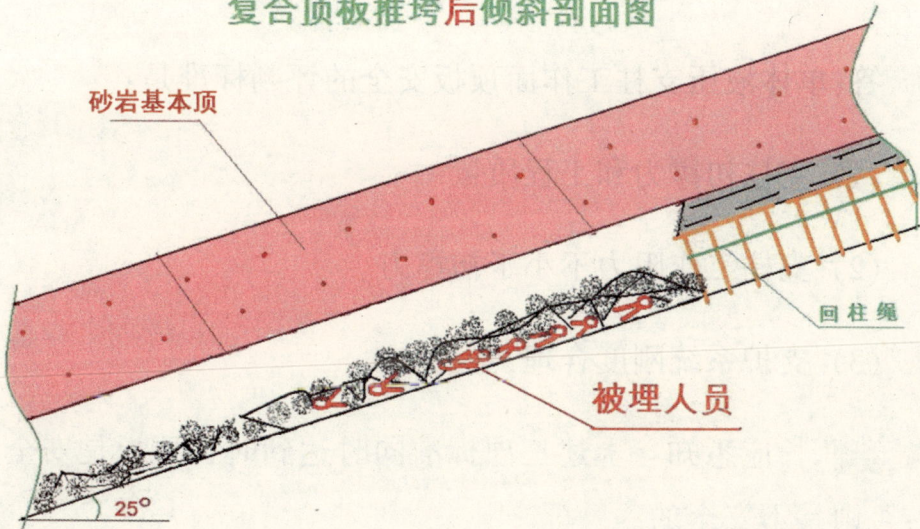

砂岩基本顶

回柱绳

被埋人员

25°

7. 预防复合顶板推垮的"经验公式"$P \geqslant 20\,h$ 有什么指导意义?

式中　P——单体液压支柱的初撑力,千牛;

　　　　20——综合系数;

　　　　h——复合顶板下位软岩总厚度的米数,米。

答:该经验公式的指导意义是:在复合顶板条件下,只要支柱初撑力的千牛数,大于或等于 20 倍下位软岩总厚度的米数,就可把复合顶的下位软岩支牢、贴紧,杜绝"推垮"。

凡支柱初撑力达不到该公式要求的,班队长要立即采取措施整改,否则,不准生产。

8. 单体液压支柱工作面顶板安全的评判标准是什么?

答:单体液压支柱工作面顶板安全的评判标准是:

(1) 支柱初撑力和工程质量达标。

(2) 支柱工作阻力不小于初撑力。

(3) 支护系统刚度合理,支柱增阻正常。

班队长应悉知:上述三项标准同时达到时,顶板是安全的;否则是不安全的。

9. 采煤工作面阻力监控的实施要点是什么？

答：采煤工作面阻力监控的实施要点是：

装面收作期间，要"棵棵"监控。

初次放顶期间，要"强化"监控。

正常生产期间，可"选测"监控。

异常地段，要"重点"监控。

2008年某矿，采煤工作面倾角30°，收作眼没有实施"棵棵监控"，当回到上部只剩14棚未回完时，发生冒顶，死亡1人。

班队长必须把这些"要点"落到实处。

10. 采煤工作面，较大顶板事故的"多发期"，是指哪个"生产时段"？

答：采煤工作面，初次放顶期间，是较大顶板事故的"多发期"。

班队长要严加防范。

11. 采煤工作面的哪些部位是顶板事故的"多发点"？

答：采煤工作面的放顶线、挂笆线、煤壁线、上下出口、构造段、机头、重点区、异常段等，是顶板事故的"多发点"。

班队长要特别注意，并对此加强"精细化管理"。

12. 采煤班队长，如何加强对采面顶板"事故多发点"的安全管理？

答：一是，班队长在"划茬（段）"时，应根据现场的具体条件和难易程度，针对性地安排"技术工"作业，并有权调整每棚"分数"。不得在班前会上"划茬（段）"。

二是，现场交代安全措施、操作方法和安全注意事项。

三是，班中班队长，对各个作业点，要进行多次巡回检查、指导、监督。

四是，若出现有疑难情况，班队长要亲自协助处理。

五是，"事故多发点"的工作干完后，班队长要亲自验收，不留隐患，不合格者不记分，坚决"推倒重来"。

13. 冒顶事故的处理要点是什么？

答：班队长在组织处理冒顶事故时，应遵循以下"要点"：

（1）应尽快查清被埋人员的数量和位置，立即组织现场抢救，同时要向矿调度汇报。

（2）要沉着冷静，统一指挥。

（3）首先要加强周边支架，保持后路畅通，安排专人观察顶板。要严防二次冒顶导致扩大伤亡。

（4）若有较大伤亡，矿要成立指挥部。

（5）处理方案和支护形式，应视现场情况而定。

14. 哪些是掘进施工的"事故多发点"？

答：掘进施工的主要"事故多发点"有：

迎头作业、交叉点施工、构造段施工、探放水施工、贯通施工、大倾角上山施工、斜巷小绞车施工、改棚作业等方面。

在"事故多发点"施工时，掘进班队长要强化管理。

15. 掘进班队长,如何抓好"事故多发点"的安全施工?

答:在不同的"事故多发点"施工时,其安全隐患、安全管理的重点、安全措施、安全注意事项也各不相同,并各有侧重。

在"事故多发点"施工时,班队长要严格按作业规程和安全措施的规定作业,实施"精细化"管理、搞好工程质量、消除事故隐患、杜绝"三违"行为,确保安全施工。

16. 采掘工作面透水预兆有哪些?

答:主要有——煤岩体变潮、
炮眼向外渗水、
顶帮出现淋水、
并有增大趋势。

还有——迎头空气变冷,有时出现水雾,巷道挂红、挂汗、水混浊或有异味、顶板来压等现象,均为透水预兆。

17. 采掘工作面发现主要透水预兆时，班队长应如何处理？

答：若发现主要透水预兆，班队长应按以下原则处理：

一是，立即停止作业、停掉负荷电、撤人、警戒、汇报。

二是，若撤人后并未"突水"，可待 1 小时后，由班队长、瓦检员、安检员三人小组到迎头去观察、记录，再向矿调度汇报。在此特别强调指出，不论当班"突水与否"，严禁复工，更不得"跑返"作业。

三是，由矿井总工程师专题、重新研究施工方案和安全措施。

18. 当井下发生"突水"事故时，班队长应采取何种对策？

答：井下透水事故发生时，班队长应视具体情况决定行动方案。

首先要判断——突水地点、原因、水源、危害程度等情况，并立即向矿调度汇报。应针对以下不同情况，分别采取相应的行动原则：

（1）若灾情清楚,涌水量不大时,在不威胁现场人员安全的前提下,班队长应采取现场救灾措施,抢运设备,减少灾害损失。当灾情变化时,应迅速撤离。

（2）若灾情不明,水势较大时,班队长应组织现场人员,按避灾路线,立即逃生。

（3）若灾情不清,水势凶猛,又堵住了撤退路线时,班队长应沉着冷静,立即率领现场人员,撤离到就近较高处避灾。

应强调指出:

■ 按避灾路线,正常情况下,向上山方向和通风巷道撤退。

■ 撤离过程中,应注意尽可能避开水头和主流,并防止被冲倒、绊倒。

■ 若情况万分危急,可暂到就近较高的硐室或上山巷道内避灾。

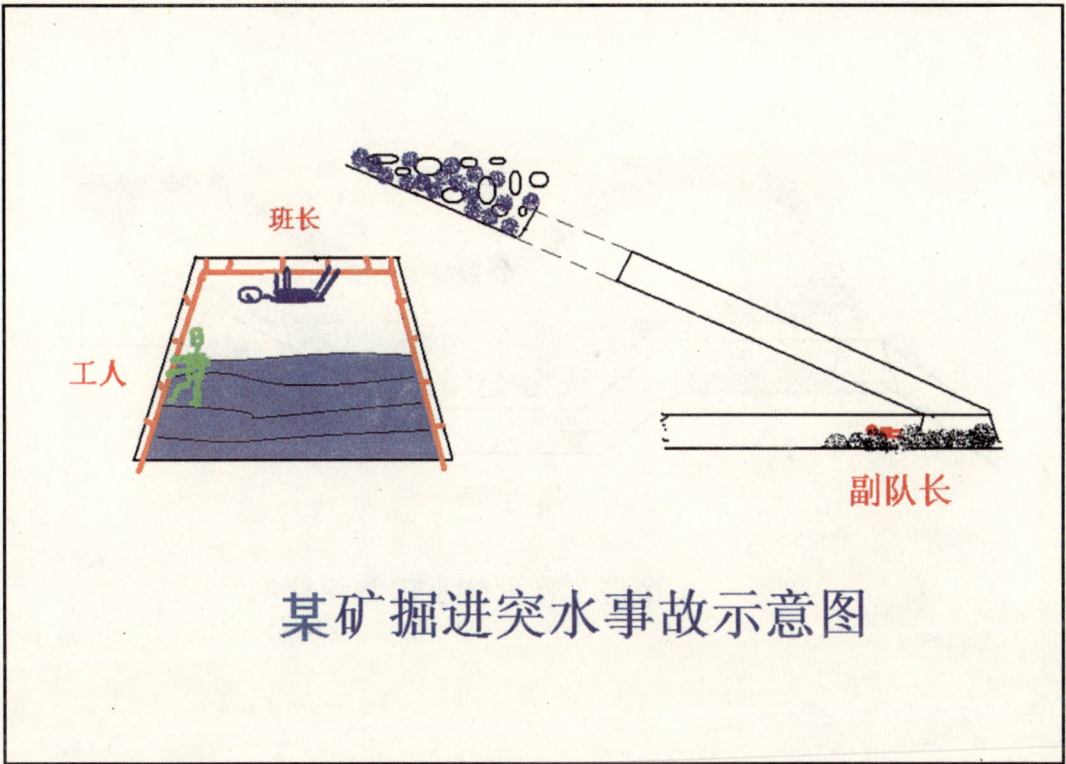

某矿掘进突水事故示意图

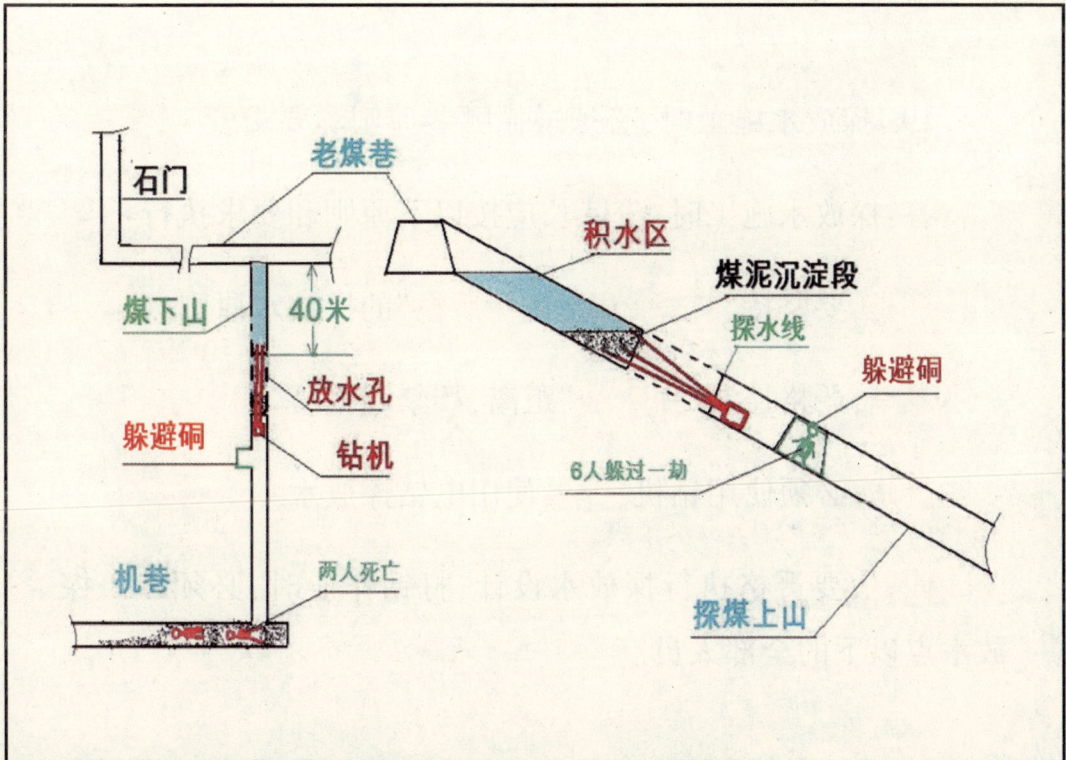

石门

老煤巷

积水区

煤泥沉淀段

煤下山

40米

探水线

躲避硐

放水孔

钻机

躲避硐

6人躲过一劫

机巷

两人死亡

探煤上山

班长

工人

副队长

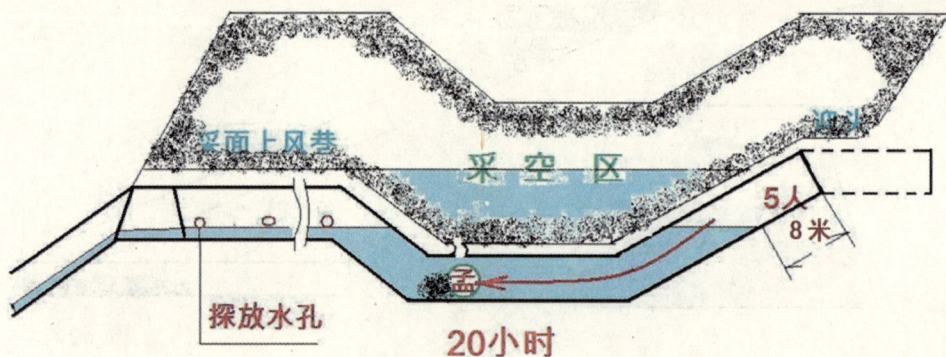

刘桥一矿掘进工作面突水事故示意图

19. 探放水施工时,必须遵循哪些原则和要求?

答:探放水施工时,班队长应按以下原则和要求执行:

一是,要坚持"有疑必探,先探后掘"的探放水原则。

二是,严格控制"探水线"距离,严禁超掘。

三是,必须使用钻机,严禁使用电钻探放水。

四是,要严格执行探放水设计,打钻作业时,必须撤出探放水点以下的全部人员。

20. 煤层自燃有哪些异常预兆？班队长应如何处理？

答:煤层自燃的主要征兆有:

■ 气味异常:巷道中出现煤油、松香、恶臭等味。

■ 现象异常:巷道中出现水雾、挂汗等现象。

■ 感觉异常:有高温、闷热、头昏、疲劳等感觉。

当发现上述异常预兆时,班队长应立即向矿调度汇报,必要时停止作业,撤出人员。

21. 何谓矿井外因火灾？并举例。

答: 凡人为因素或外部热源引发的火灾称之为"外因火灾"。

如:电气明火、机械运行火灾、爆破着火、操作性火灾、其他火灾等。

22. 为什么说矿井外因火灾初期，现场人员实施直接灭火是安全的，一般不会发生瓦斯煤尘爆炸？

答：从理论上讲，当"三个条件"同时具备时，将必爆无疑，缺一条也不会爆炸。而火灾现场的火已经燃起，氧气也足够，这说明火灾现场的瓦斯和煤尘都不具备爆炸条件，否则，后果已经形成。

从实践上讲，实践是检验真理的唯一标准。长期以来，数十处高瓦斯、突出矿井，在处理数十起不同性质、不同地点、不同通风条件的外因火灾事故过程中，都持续了数小时、数小班、数天之久，均未发生爆炸。

所以说外因火灾初期，现场人员实施直接灭火是安全的。

因此，班队长要头脑清醒、不怕、不等、不靠，要抢时间、争速度、迅速行动，力争及早控制火势。

23. 在处理矿井外因火灾事故时，成败的关键是什么？

答："控制火势"是成败的关键。在外因火灾事故的"初期"，班队长能立即组织现场人员及早"控制火势"。

只要能够迅速控制住火势，灭火就会成功；否则，就要失败。

24. 在处理外因火灾事故时，控制火势有哪些方法？

答：控制火势的主要方法有：控风法、隔离法、阻燃法等多种。

班队长应视现场灾情，优化选用。

25. 突出煤层开采,必须采取哪些综合防突措施？

答:开采突出煤层时,必须采取:

- 突出危险性预测

- 制定实施防突措施

- 进行效果检验

- 实施安全防护等综合防突措施。

26. 石门揭煤,采用远距离放震动炮方法揭开煤层时,要把好哪"六关"？

答:要重点把好的"六关"是:

① 设计关。

② 施工关。

③ 验收关。

④ 封孔关。

⑤ 卸压关。

⑥ 效果检验关。

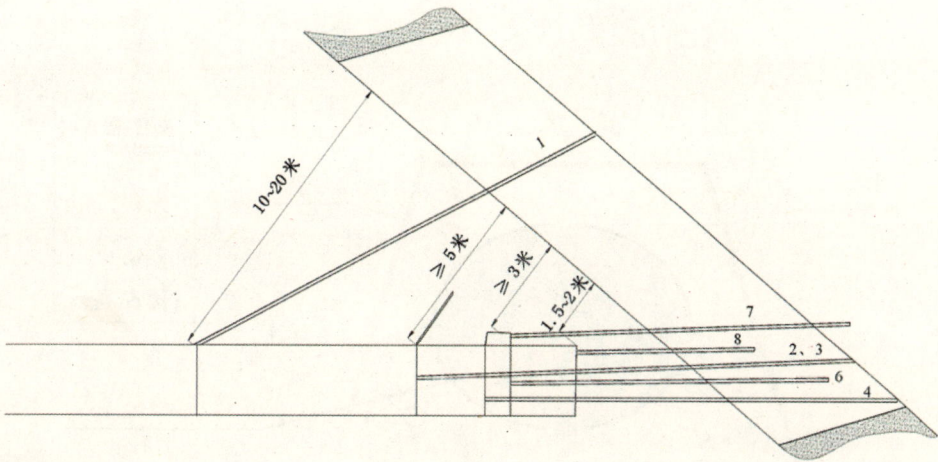

石门揭煤示意图

27. 在突出煤层中掘进，采用打超前钻孔抽放卸压施工时，应遵循哪些"指导原则"？

答：除采取"四位一体"的综合防突措施外，还应遵循以下五项指导原则：

(1) 优化设计原则。

(2) 充分利用钻孔卸压半径原则。

(3) 坚持"两个8米"原则。

(4) 确保充分卸压原则。

(5) 加强支护原则。

钻孔卸压半径示意图

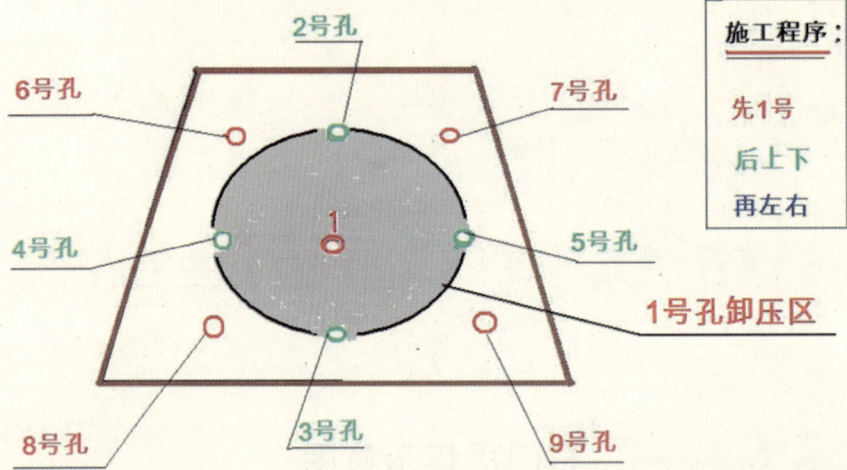

2号孔

6号孔

7号孔

4号孔

1

5号孔

1号孔卸压区

8号孔

3号孔

9号孔

施工程序：

先1号

后上下

再左右

煤巷防突掘进卸压钻孔布置示意图

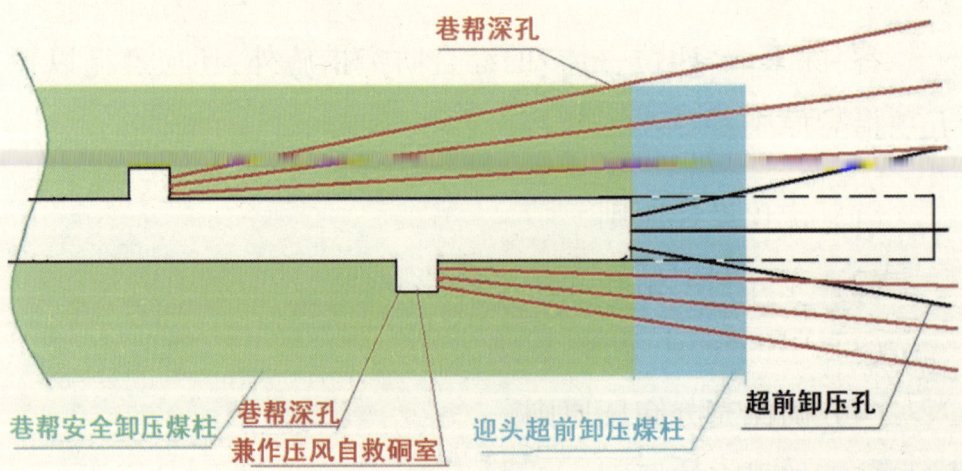

巷帮深孔

超前卸压孔

巷帮安全卸压煤柱

巷帮深孔
兼作压风自救硐室

迎头超前卸压煤柱

28. 为什么《煤矿安全规程》规定:突出煤层的"突出危险区"、"突出威胁区"的采掘工作面,严禁使用风镐作业?

答:主要是防止用风镐作业时,产生的"震动"诱导突出事故。班队长应严格执行。

29. 煤与瓦斯突出,有哪些预兆和主要特征?

答:煤与瓦斯的突出预兆大体可分为"三个阶段",每个阶段的特征也有所不同:

(1) 早期预兆,也称之为"变化预兆"。

主要特征是:煤变软、光泽暗、节理层理都紊乱。

(2) 中期预兆,也称"动力预兆"。

主要特征是:钻末多、钻进慢,夹、顶、喷孔异常见。

（3）临突预兆，也称"异常预兆"。

主要特征是：面来压、煤炮响、瓦斯涌出特异常；三大异常现象几乎同时发生，显现尤为强烈。

但上述突出预兆的"三个阶段"之间，往往没有明确的界线；也没有确切的"量化指标"，并互有交叉，班队长应结合矿情，在生产实践中去探索和把握本单位的突出预兆、机理和规律。

30. 发现突出预兆班队长应如何处理？

答：《煤矿安全规程》规定：当发现突出预兆时，瓦检工有权停止作业，并协助班组长立即组织人员按避灾路线撤出，报告矿调度所。

尤其是发现"临突预兆"，班队长应组织现场人员，沿避灾路线，紧急撤离。

31. 瓦斯爆炸的条件是什么？

答：瓦斯爆炸必须同时具备以下三个条件：

（1）瓦斯积聚的浓度达到了 5%~16%的爆炸界限。

（2）空气中有不小于 12%的含氧量。

（3）有不小于 650 ℃的引爆火源。

当上述"三个条件"同时具备时，将必爆无疑，缺一条就不会爆炸。

因此，班队长在现场管理中，务必要杜绝三个条件同时"见面"。

32. 采掘工作面在"一通三防"管理上，有哪"八不准"生产？

答：采掘班队长在现场管理时，必须严格执行以下"八不准"生产的规定：

（1）通风系统不合理。

（2）通风能力不够。

（3）瓦斯处于临界或超限状态。

（4）煤巷、半煤巷掘进工作面未安设"三专两闭锁"装置。

（5）瓦斯涌出量超标未抽排的。

（6）高瓦斯和突出工作面未安设自动监测、报警、断电装置的。

（7）洒水灭尘系统不完善的。

（8）煤层自然发火倾向未得到有效控制的。均不得生产。

33. 哪些部位是采掘工作面瓦斯管理的"重点"？

答：采煤工作面的"上隅角"和"采空区"的瓦斯处理，是其瓦斯管理的重点、难点。

掘进工作面的"迎头"和"巷道冒高处"是瓦斯管理的重点。

班队长应对这些关键的重点部位加强管理、巡回检查、采取措施、杜绝积聚超限。

34. 瓦斯排放的五大要点是什么？严禁什么？

答：五大要点是：

■ 措施

■ 停电

■ 撤人

■ 警戒

■ 限量

※ 严禁"一风吹"。

2007 年某国有重点矿井，排放瓦斯时一风吹，混合气体窒息 2 人。

35. 煤尘爆炸必须具备哪些条件？班队长应如何防范？

答：煤尘爆炸与瓦斯爆炸类似，也是三个条件同时具备，必爆无疑，缺一条不会爆炸。

(1) 煤尘本身具有爆炸性，且空气中浮尘浓度达到 45~2 000 克/立方米的爆炸界限。

(2) 有不小于 610 ℃的引爆火源。

(3) 空气中有不小于 18%的含氧量。

应当注意，煤的挥发分越高，煤尘的爆炸性就越强。"积尘"具备一定条件也会爆炸。

因此，采掘班队长在现场管理中，要严格执行综合防尘措施，加强巡回检查，消除煤尘飞扬、堆积。

36. 预防瓦斯煤尘爆炸事故的主要措施有哪些？

答：(1) 加强通风、瓦斯、煤尘管理，消除积聚超限。

(2) 严格执行"一炮三检"、三大规程和各项规章制度，消灭一切引燃引爆火源。

(3) 完善安全装备，健全监测系统，坚持"三个并重"，重在加强管理，提高抗灾能力。

(4) 落实瓦斯防治的"十二字"方针，从源头上消除瓦斯危害。

(5) 加强对职工的安全教育，正确行使"三大权力"，消除"三违"行为。

班队长在现场管理中，只要把以上措施落到实处，瓦斯煤尘爆炸事故是完全可以避免的。

37. 当发生瓦斯煤尘爆炸或重大火灾事故时,现场人员如何自救逃生?

答:当发生爆炸事故时,班队长应带领现场人员,按"四大要点"、"两大原则"、"三条路线"自救逃生,以减少人员伤亡。

爆炸或火灾事故时,灾区人员自救逃生网络图

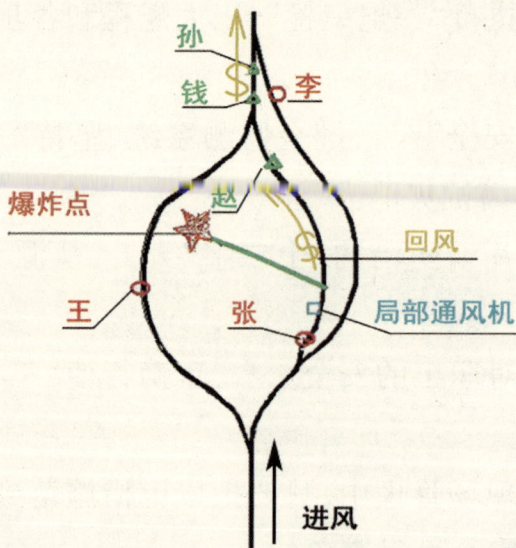

进风

"四大要点"是：

（1）总的要求

班队长要沉着冷静、不慌乱、统一组织、指挥好灾区人员有序撤离。严禁个人盲目逃生。

（2）当听到爆炸声或感到爆炸波时

应背朝爆炸波方向迅速卧倒，脸朝下，头放低；若有水沟应卧沟边，并用湿巾捂住鼻口，避免呼吸道灼伤。

（3）当爆炸波过后

应迅速佩戴自救器，沿避灾路线，撤离灾区。

（4）当撤退路线冒堵时

应选择适宜硐室避灾。

自救逃生的"两大原则"是：

■ 若人员位于"进风侧"

★ 应迎风撤出灾区。

■ 若人员位于"回风侧"

★ 应立即佩戴自救器，

★ 绕捷径走"最佳路线"，

★ 适速进入新鲜风流，

★ 迎风撤出灾区。

"三条路线"是：

一条是逃生成功率最高的"最佳路线"。

一条是逃生成功率极小的"死亡路线"。

另一条是逃生成功率不大、不小的"中间路线"。

1979年河南某矿，采区运输下山胶带机，因联轴节喷油引发火灾，死亡18人。

事发后，12051采面机巷的司机向矿长汇报，在进风流中有烟雾和胶皮味。矿长立即下令撤离采区全部人员。接到撤离命令后：

12051采面上部的人员，顺着烟向上经采面回风巷、轨道下山，从"最佳路线"安全撤出了灾区；但该面下部的15人，逆着烟向下经机巷从"死亡路线"撤离，结果15人全部一氧化碳中毒死亡。

12081试生产面的上部人员，顺着烟向上经采面回风巷、轨道下山，安全撤出了灾区；但该面下部的3人，逆着烟向下经机巷撤离，结果3人到绕道口，一氧化碳中毒死亡。

某国有重点煤矿"12.7"火灾事故示意图

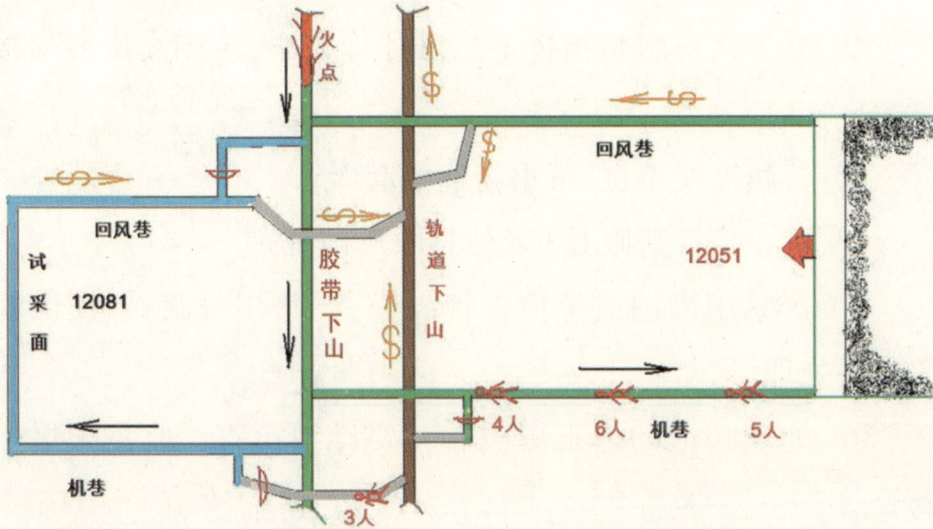

38. 采掘工作面有哪些情况不准装药爆破?

答:有下列情形之一者,均不得装药爆破:

① 风量不足。

② 瓦斯处于临界或超限状态。

③ 通风断面不够。

④ 悬控顶距离超过或支架损坏。

⑤ 炮眼内发现异常。

⑥ 炮泥未按规定填装等。

39. 采掘工作面出现瞎炮应如何处理？

答：① 使用瞬发雷管时，要等 5 分钟以上，用延期雷管时等 15 分钟以上，方可去检查原因。

② 必须在班组长指挥下当班处理完毕，否则交班要交接清楚。

③ 若属连线不良，可重新连线起爆。

④ 可在平行瞎眼 0.3 米处打眼爆破处理。

⑤ 严禁用镐刨或手拉雷管脚线，严禁用打眼掏、压风吹等方法处理。

⑥ 处理瞎炮的炮眼爆破后，要详细检查，收集未爆炸药管。

二、重大危险源的识别与控制

40. 什么是危险源？

答：因触发因素，可能导致事故的具有能量的物质与行为称之为危险源。

具有能量的物质，称之为固有危险源。如：炸药、雷管等。

具有能量的行为，称之为人为危险源。如：违章送电等。

41. 什么是重大危险源？

答：重大危险源系指长期或临时地生产、加工、搬运、使用或储存危险物质，且危险物质的数量等于或超过临界的单元。

对煤矿来说，被《特别规定》列入的 15 类和《认证办法》列入的 67 条重大安全隐患，均属重大危险源。

生产经营企业，对重大危险源应采取识别、预测、评价、控制等措施，确保安全生产。

42. 班队长如何识别、界定"有害因素"和"重大危险源"？

答：煤矿的五大自然灾害和人的"三违"行为均属于对安全生产可能造成危害的"有害因素"和危险源。这些有害因素，一旦管理上失控、数量上超标，就"转化"为"重大危险源"，即形成重大安全隐患，对安全生产构成严重威胁，若不能有效处理，就可能会导致重大事故发生。

如：瓦斯超限、煤尘飞扬堆积、井下炸药库存量超限、人的严重违章行为等。

因此，班队长在现场管理中，要实施"精细化"全覆盖排查，班中要进行多轮巡回检查，以早期识别、发现有害因素的变化，并采取针对性措施加以控制，做到超前防范，使其不能"转化"为重大危险源和形成重大安全隐患，以实现安全生产。

43. 对重大危险源应如何控制？

答：若发现重大危险源，即重大安全生产隐患，班队长应按《特别规定》中第八条 2 款的规定，立即停工、停产处理。

即：对"固有危险源"，应采取：

- 消除
- 防护
- 隔离
- 转移
- 保留

消除——如：采取瓦斯排放、强制放顶、探放水施工、瞎炮处理等措施，去消除瓦斯积聚、老塘悬顶、水害、瞎炮等重大安全隐患。

防护——如：电机的安全防护罩损坏，应立即停车更换。

隔离——如：高压电器设备设置的安全隔离网；对导水大断层留设安全隔离煤岩柱；对盲巷瓦斯打永久性封闭墙等属隔离控制。

转移——如：当班领的雷管未用完，爆破工应退库；地面氧气瓶用后转移到存放室等，均属转移处理。

保留——如：采掘工作面的炸药、雷管，乱扔乱放，就构成重大危险源；若将炸药箱放在安全地点，药归箱、箱加锁、雷管由爆破工随身携带，就属采取保留措施消除这一重大危险源。

对人为危险源应采取以下两种措施控制：

一是，采取技术措施，防止人的行为失控。

如：采取机械化、自动化、人机联网作业等。

二是，采取管理措施，防止人的行为失控。

如：加强安全培训，制定安全责任制、岗位责任制、安全奖惩制度；实行标准化作业，规范行为、消除"三违"等。

教案 16

新工人入矿培训

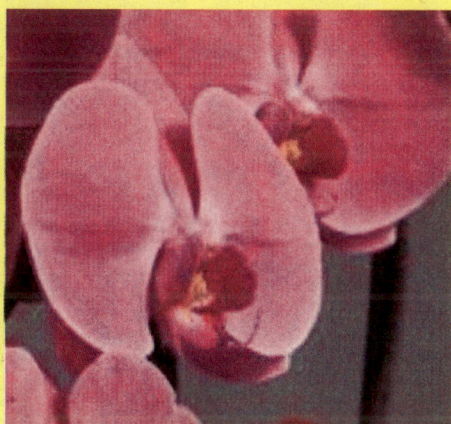

新工人安全培训

煤矿属高危行业,有水、火、瓦斯、煤尘、顶板五大自然灾害。

为了确保新工人上岗安全,我国《安全生产法》、《矿山安全法》、《煤矿安全规程》等多个法律法规,对新工人的岗前培训都提出了要求,井下工人入矿的岗前培训时间不少于 72 个学时,并经考试合格后,在有经验的老工人带领下,工作不少于 4 个月,并经考核合格,方准独立工作。

对新工人的安全培训,应按国家安全监管总局和国家煤矿安监局印发的《煤矿从业人员安全生产培训大纲(试行)》的要求进行。

通过培训,使新工人了解国家安全生产方针、有关法律法规和规章;熟悉本岗位安全生产的权利和义务;了解安全设施、常见事故防范、入井安全基本知识;掌握本岗位安全操作规程、操作技能及自救、互救等基本方法;提高安全意识,做到应知、应会、按章操作、遵章守纪、规范行为、消除"三违",做好自主保安。

以下就煤矿新工人"入矿培训"的相关内容,谈点意见:

◆ 企业(矿井)概况

◆ 煤矿职工的权利和义务

◆ 煤矿安全基本知识

◆ 遵章守纪做一名当代的好矿工

◆ 五大自然灾害防治

一、企业(矿井)概况

由于新工人对本企业的情况不太了解,所以很有必要把本企业(矿井)的概况向新工人介绍。如介绍企业的历史、安全生产现状、战略目标、发展前景等方面情况。

使新工人听后,能深刻体会到本企业是一个具有辉煌历史、较好现状、美好前景、可以信赖的好企业。从而增强新职工对本企业的认同感、凝聚力。为新职工安定情绪、爱岗敬业、以矿为家,打好思想基础。

由于我国用工制度的改革，当前煤矿招收的新工人工种性质,多为"劳动合同工"。

劳动合同工已成为我国煤炭战线上的主力军。如：某国有煤矿，2007 年底，在册采掘工 2 450 人，其中劳动合同工 1 653 人,占 67%。

劳动合同工与全民合同工享有同等待遇,如：

(一) 政治待遇

劳动合同工与全民合同工完全一样，都享有公民的一切权力,享有评优、入党、提干等平等权利。

目前已有大批劳动合同工进入了班队、科区级领导岗位。如:2007 年末某国有煤矿,正、副科级采掘干部 68 人,其中:劳动合同工干部 19 人,占 28%。该矿采煤一区共 10 个班队长,其中:劳动合同工班队长 8 人,占 80%。由此可见劳动合同工,大有可为,前途似锦。

(二) 工资分配

在计划经济时期全民工享有"按级取酬"的特权;但市场经济条件下,全民合同工和劳动合同工一样,都实行了"岗位绩效工资"制度,真正体现了多劳多得,同工同酬,这就大大激发了劳动合同工的积极性。

(三) 生活福利

关于职工的生活福利各煤矿企业根据各自的经营和效益情况，差异亦较大。

对国家规定企业职工应享有的：

"五大保险"——养老保险、医疗保险、工伤保险、失业保险、生育保险。

"两金"——企业基金、住房基金。

"五大带薪假期"——探亲假、年休假、病假、婚丧假、产假。

对上述国家规定，淮北矿业集团已于 2008 年全部执行到位，劳动合同工和全民工一样同等享受，大大调动了职工的劳动生产积极性。

在市场经济条件下，每人都不必再去计较工种性质的区分。目前，不但大中专毕业生全部进入劳务市场，走"双向选择"之路；就是在职的国家公务员、企业干部都实行了考核制、招聘制、任期制，优胜劣汰、竞争上岗。因此，对用工制度的改革，大家都要转变观念、抓住机遇、爱岗敬业、刻苦学习、干好本职工作，保证质量、搞好安全、完成任务、争做一名当代的好矿工。

二、煤矿职工的权利和义务

新工人和用人单位依法签订劳动合同后，依法享有以下六项权利,应履行三项义务。

（一）六项权利

★ 有权制止违章作业,拒绝违章指挥和强令冒险作业。

★ 当工作地点出现危及人身安全的紧急情况时,有权停止工作,撤到安全地点。

★ 当工作地点险情没有排除，不能保证人身安全时,有权拒绝作业。

★ 有权了解工作场所和岗位存在的危险因素、防范措施和事故应急救援措施,并对本单位安全生产提出建议。

★ 有权对危及安全的行为,提出批评、检举和控告。

★ 因安全生产事故受到损害的职工,有权依法向本单位提出赔偿要求。